全国煤炭职业院校技能大赛
竞 赛 指 南
（2017）

中 国 煤 炭 教 育 协 会
全国煤炭职业院校技能大赛赛项执委会 编

U0305134

煤 炭 工 业 出 版 社
·北 京·

图书在版编目（CIP）数据

全国煤炭职业院校技能大赛竞赛指南．2017/中国煤炭教育协会，全国煤炭职业院校技能大赛赛项执委会编．--北京：煤炭工业出版社，2017

ISBN 978 - 7 - 5020 - 5820 - 3

Ⅰ.①全… Ⅱ.①中… ②全… Ⅲ.①煤炭工业—职业教育—职业技能—竞赛—中国—2017—指南 Ⅳ.①TD82 - 4

中国版本图书馆 CIP 数据核字（2017）第 080768 号

全国煤炭职业院校技能大赛竞赛指南（2017）

编　　者	中国煤炭教育协会　全国煤炭职业院校技能大赛赛项执委会
责任编辑	成联君　尹燕华
责任校对	邢蕾严
封面设计	于春颖

出版发行	煤炭工业出版社（北京市朝阳区芍药居35号　100029）
电　　话	010 - 84657898（总编室）
	010 - 64018321（发行部）　010 - 84657880（读者服务部）
电子信箱	cciph612@126.com
网　　址	www.cciph.com.cn
印　　刷	北京建宏印刷有限公司
经　　销	全国新华书店

开　　本	850mm×1168mm$^1/_{32}$　印张　$7^3/_8$　字数　151千字
版　　次	2017年5月第1版　2017年5月第1次印刷
社内编号	8700　　　　　　　定价　38.00元

目　次

高　职　组

中　职　组

全国煤炭职业院校技能大赛竞赛指南（2017）

高职组

煤矿综采电气维修赛项规程

一、赛项名称

赛项编号：GZT - 2017001

赛项名称：煤矿综采电气维修

英语翻译：Coal Electrical Maintenance of Fully Mechanized Mining

赛项组别：高职组

赛项归属产业：煤炭行业

二、竞赛目的

为适应新形势下煤炭行业的发展，促进煤炭行业职业院校学生实际操作技能水平，提升煤炭行业职业教育能力，调动广大学生参与实践训练的积极性，促进煤炭职业院校整体教学水平的提升，为煤矿输送合格的安全技术技能型人才。

通过竞赛，进一步推进全国煤炭行业资源环境类相关专业工学结合人才培养，促进校企合作，实现专业与产业对接、课程内容与职业标准对接、教学过程与生产过程对接，培养适应煤炭行业技术发展所需要的高素质技能型专门人才，拓展和提高职业教育的社会认可度，展示高职教育改革和人才培养的成果，激发学生学习兴趣，促进职业

3

院校之间相关专业人才培养改革成果交流。

三、竞赛内容与时间

竞赛分两个科目，分别是远方控制接线、排查故障和PLC编程并调试（总时间90 min、总分100分），两科目竞赛分开进行。安全文明操作在操作过程中进行考核，不单独命题。

（一）远方控制接线、排查故障（总分50分）

（1）完成时间：45 min。

（2）按照竞赛要求连接控制线，四组组合开关可实现远方控制，并按竞赛评分标准进行考核（4根线接2根L1，L2）。开关中共设置有3处故障，选手按规则进行排除；PLC程序已经设定，无需修改，排除故障后按要求运行设备。

（二）PLC编程并调试（总分40分）

（1）完成时间：45 min。

（2）采用松下电工FPG－C32型可编程控制器，根据题目要求编制控制程序，并对所编程序进行调试。

（三）安全文明操作（10分）

安全文明操作在操作过程中进行考核，不单独命题。

四、竞赛方式

（一）参赛方式

竞赛的技能实操部分为个人项目，竞赛内容由每名选手各自独立完成。每省该赛项选手原则上不超过5名选手，为了鼓励各省积极组织省赛，对于组织相应赛项省级选拔赛并经大赛执委会审查备案的省份，由大赛执委会根据赛项特点及承办单位实际承接能力，在条件许可的情况下可增加 1 个参赛名额；每 1 名选手只能有 1 名参赛指导老师；可派 1 名领队，1～2 名指导教师参加比赛。不邀请境外代表队参加。

（二）评分方式

竞赛采用现场操作由裁判员现场评分。

（三）竞赛流程

竞赛流程如图 1 所示。

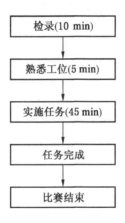

图 1　竞赛流程图

五、竞赛试题

（一）远方控制接线、排查故障

（1）参赛选手按图纸要求（届时将提供接线图纸）将多芯控制电缆接入 QJZ－630/1140－4 开关的控制线压线端子，远方控制箱中每一组控制按钮可控制开关相应回路启动和停止。

（2）在开关给定程序情况下，开关内设置故障（故障题目预先从已备的竞赛故障库中按难易程度随机抽取，共三个等级，每个等级各一个故障），选手查找并排除故障，恢复开关功能，实现远方控制箱单独启动和本地键盘联机启动，操作四回路开关启动和停止（注：开关内部模块不设故障点）。

（3）开关每个需要打开的盖板、面板，均只在对角位置各设置一个螺钉，其余位置不考核。

（4）该竞赛内容考核选手所有开关部位的完好和防爆性能（除规定外）。

（二）PLC 编程并调试

按照要求进行编程，并将所编程序写入松下 FPG - C32 型可编程逻辑控制器，安装调试所编程序，实现题目规定的功能要求。

假定题目为实现模拟被控对象——采煤机、工作面刮板输送机（机头尾主从运行）、转载机的顺序启动和停车（可供选手模拟练习参考），应实现以下功能要求：

（1）启动顺序为转载机电机→工作面刮板输送机机尾电机→工作面刮板输送机机头电机→采煤机电机。

（2）停止顺序为采煤机电机→工作面刮板输送机电机（机头尾同时停止）→转载机电机。

（3）可实现远方控制箱及本地键盘控制任一设备启动停止和联机设备启动停止。

（4）联机设备之间的启动或停止间隔时间设定为 2 s，刮板输送机主从切换时间为 0.5 s。

（5）联机系统内任意设备突然故障停机，其余设备则立即按停止顺序停车。

（6）可实现急停按钮控制所有设备立即停止。

（7）实现对开关的漏电、过载、短路、缺相、过压、欠压保护等功能。

六、竞赛规则

（1）高职组参赛选手须为高等学校全日制在籍学生，本科院校中高职类全日制在籍学生，五年制高职四、五年级学生均可报名参加高职组比赛。高职组参赛选手年龄须不超过25周岁（当年），即1992年5月1日后出生，凡在往届全国职业院校技能大赛中获一等奖的选手，不能再参加同一项目同一组别的比赛。

（2）参赛选手按大赛组委会规定时间到达指定地点，凭参赛证、学生证和身份证（三证必须齐全）进入赛场，并随机抽取工位号，选手迟到15 min取消竞赛资格。各队领队、教练及未经允许的工作人员不得进入竞赛场地。

（3）裁判组在赛前30 min，对参赛选手的证件进行检查及进行大赛相关事项教育。参赛选手在比赛前20 min进入比赛工位，确认现场条件无误，比赛时间到方可开始操作。

（4）参赛选手必须严格按照设备操作规程进行操作。

（5）参赛选手不得携带通信工具和其他未经允许的资料、物品进入大赛场地，不得中途退场。如出现较严重的违规、违纪、舞弊等现象，经裁判组裁定取消大赛成绩。

（6）比赛过程中出现设备故障等问题，应提请裁判确认原因。若因非选手个人因素造成的设备故障，裁判请示裁判长同意后，可将该选手大赛时间酌情后延；若因选手个人因素造成设备故障或严重违章操作，裁判长有权决定终止比赛，直至取消比赛资格。

（7）参赛选手若提前结束比赛，应向裁判举手示意，比赛终止时间由裁判记录，参赛选手结束比赛后不得再进行任何操作。

（8）参赛选手完成比赛项目后，提请裁判到工位处检查确认并登记相关内容，选手签字确认后听从裁判指令离开赛场；裁判填写执裁报告。

（9）比赛结束，参赛选手需清理现场，并将现场设备、设施恢复到初始状态，经裁判确认后方可离开赛场。

七、竞赛环境

（1）比赛场地设置 QJZ－630/1140－4 矿用隔爆兼本质安全型组合开关（青岛天信电器有限公司）7 套。

（2）除比赛专用设备（7 套）外，另有备用设备 1 套。

八、技术规范

（一）比赛内容

（1）《可编程控制器原理及逻辑控制》，林育兹等著，机械工业出版社，2006 年出版。

（2）《松下电工 FP 系列可编程控制器编程手册》，松下电工（中国）有限公司。

（3）《煤矿矿井机电设备完好标准》（1987年版）。

（4）QJZ－630/1140－4（青岛天信电器有限公司）开关说明书。

（5）《煤矿电工手册》等。

（二）注意事项

（1）选手需用大赛组委会提供笔记本电脑（程序下载线由大赛组委会准备）进行操作，不得自行携带笔记本电脑、外接输入键盘、移动 U 盘等设备、构件，一经发现取消比赛成绩。

（2）大赛比赛时间中含有存盘时间，选手需要将本人的信息编码作为名称，在桌面进行存盘，如：第3场、第5号台、002号选手，应标记为3－5－002。

（3）监考裁判员有义务提醒选手存盘一次，具体操作为每场考试第40 min时，由现场主裁判哨声提醒一次。

（4）凡未按照要求进行存盘、所编程序丢失的，由选手负责。凡程序未输入开关者，不得分。

（5）比赛前一天，由各地代表队领队参加抽签确定轮次；比赛当天，由参加比赛的选手抽签确定工位。

（6）比赛过程中，或比赛后发现问题（包括反应比赛或其他问题），应由领队在当天向大赛组委会提出书面陈述。

（7）其他未尽事宜，将在赛前向各领队做详细说明。

九、技术平台

（一）竞赛用设备材料说明

（1）QJZ－630/1140－4 矿用隔爆兼本质安全型组合

开关(青岛天信电器有限公司)8 套,内部配有松下 FPG – C32 型可编程逻辑控制器用于程序控制,并随开关带有说明书一本。

(2)编程用笔记本电脑(带有松下 PLC 编程软件)。

(3)松下 RS232 专用数据线,并附带 DB9 双母直连线(编程传输用)。

(4)控制箱(可控四回路),附带原理图接线图。

(5)多芯控制电缆(MKVVR – 10 × 0.75,4 根)。

注:组委会提供井下服装、胶靴、安全帽、毛巾、矿灯、自救器、便携式瓦检仪、操作用停送电牌、控制箱接线图、开关所配同规格型号保险管及部分配件、放电母线;5 mm、6 mm、10 mm 内六方扳手,12 寸活扳手;接线腔密封圈(每台 5 个)、接线用号码管、叉形预绝缘端头、绝缘胶带、隔爆面防锈油、碳素笔、A4 纸张等;万用表 10 块(备用),150 mm 钢板尺 50 把。

(二)选手自备工具材料

万用表(型号自定)、剥线钳、压线钳、手钳、试电笔、电工刀,以及各种"一"字电工改锥、"十"字电工改锥等常用电工工具(禁止携带、使用密封圈定直径冲孔工具,发现扣 10 分)。

十、评分标准

(一)远方控制接线、排查故障评分表(表 1、表 2)

表 1 远方控制接线、排查故障评分标准

项目	分值	操 作 标 准	分值	评 分 标 准	扣分	扣分原因
安全文明操作	5分	按规定穿戴工作服、安全帽、毛巾、胶靴，配带矿灯（亮灯）、自救器、瓦检仪	1分	操作过程中不符合操作标准项一处扣0.5分，扣完为止		
		操作完毕，清理操作区域内杂物和工具	1分	竞赛结束后操作区域有工具或杂物每项扣0.5分，扣完为止，开关内遗留工具的按失爆论处		
		遵章作业，服从指挥，不干扰赛场操作；停送电挂牌操作，不干扰赛场操作，挂牌在上级电源，送电前必须摘牌。开盖操作前停本开关及上级开关电源；检查瓦斯（以上报裁判员合格为准）；开盖后验电，放电；电缆进圈不使用润滑剂；不用工具代替放电线等；不敲打开关；不向他人借用工具；正确使用万用表排查故障；使用万用表前要校表（仅考核第一次）；操作时不出现工伤，不引起破皮流血	3分	操作时导致自身受伤或他人受伤每次扣2分；其余一处不符合操作标准扣1分，直至和完为止；操作过程中将各种工具置于开关箱体上面的（除瓦检仪外），每次扣1分，扣完为止；有严重干扰赛场行为的取消比赛资格		

表 1（续）

项目	分值	操 作 标 准	分值	评 分 标 准	扣分	扣分原因
控制线连接	20分	按照图纸要求接线，接线正确	6分	一处接线错误扣1分，少或错安一号码管扣0.5分，扣完为止		
		电缆伸入器壁不倾斜，电缆护套截面整齐；芯线压线前端导线裸露长度不大于1 mm；压线处线处无毛刺现象；接线腔内芯线长度适宜，布线均匀分布，无交叉、划痕，芯线无划伤；预绝缘端头紧固，芯线绝缘外皮无划伤；密封圈装配完好，内分层不松动，用手轻拉不脱落，不破损，分层不随电缆挤出；不失爆，其余部分按完好标准执行	14分	接线腔内芯线布线不均匀，有交叉，芯线绝缘外皮划伤、划痕，芯线压线前端导线裸露长度超1 mm，压线处不紧固或有毛刺现象一处扣0.5分；又形预绝缘端头紧固不紧一处扣1分；电缆剥线超0.4 m，扣2分；电缆外皮划伤扣2分；电缆外套伸出5～15 mm，扣3分；其余用一密封圈扣2分；失爆一处不合格扣1分，扣完为止；失爆按专门项扣分		
故障排查	30分	共设3个竞赛故障，排查完故障，在竞赛时间内在评分表规定处及时填写出相应故障现象及处理方法	30分	少排查一个故障扣10分；少写、多写一个故障现象或处理方法扣3分；未排查故障的只扣基本分，扣完为止		

12

表 1（续）

项目	分值	操作标准	分值	评分标准	扣分	扣分原因
		带电开门调试开关按失爆论处，操作完毕后竞赛设备涉及部分，仪考核操作涉及部分（防爆面、腔、喇叭嘴等）		发现一处失爆从实操总分中扣10分，发现二处及以上失爆取消实际操作成绩		
		不得人为损坏元器件或随意乱拆、接线		损坏设备一处从实操总分中扣10分；回路短路或损坏设备严重者取消比赛资格		
其他评分项	在实际操作总成绩中考核	比赛时间45 min，选手每提前30 s完成奖励0.25分，最多加5分；最小计分单位30 s，不足15 s的按四舍五入计分		提前完成（但实际操作部分成绩）达不到90%的（不含加分部分），赛时45 min结束后，选手应停止一切与竞赛有关的工作，裁判员确认后，方可立即清理并及时离场		

选手竞赛用时：_____分_____秒

选手最后得分：_____分

节时加分：_____分

裁判员：_____

2017 年 6 月

13

表2 选手排查故障记录表

场次：_____　　　开关编号：_____

选手编号：_____

故障内容填写：

（1）现象：_____

处理方法：_____

（2）现象：_____

处理方法：_____

（3）现象：_____

处理方法：_____

裁判员：_____

2017 年 6 月_____

（二）PLC 编程调试评分表（表 3、表 4）

表 3　PLC 编程调试评分标准

场次：　　　　　　　　　　　　　开关编号：　　　　　　　　　　选手编号：

项目	分值	操作标准	分值	评分标准	扣分	扣分原因
安全文明操作	5分	按规定穿戴工作服、安全帽、毛巾、胶靴，配带矿灯（卡在安全帽上）、自救器、瓦检仪	1.5分	操作过程中不符合操作标准项一处扣0.5分，扣完为止		
		停送电挂牌操作，开盖操作前停本开关及上级开关电源；检查瓦斯（以上报裁判员合格为准）；操作完毕，清理操作区域内杂物和工具	1.5分	不挂牌作业，不检查瓦斯均扣一分；竞赛完毕后操作瓦斯或有工具或开关内遗留工杂物每项扣0.5分，开关内遗留工具的按失爆论处		
		遵章作业，服从指挥，不干扰赛场秩序；不向他人借用工具，操作时不出现工伤，不引起破皮流血	2分	操作时引导致自身或他人受伤扣2分；其余一处不符合操作标准扣1分，直至扣完为止；有严重干扰赛场行为的取消比赛资格		

15

表 3（续）

项目	分值	操　作　标　准	分值	评　分　标　准	扣分	扣分原因
编程调试	40分	运行控制逻辑正确，实现所有题目功能要求，详见编程评分表	40分	程序不能运行该项不得分，每少实现一个题目功能扣10分，一个题目功能运行不正常扣10分，详见编程评分细则和要求		
		不得人为损坏元器件或随意乱拆、接线		损坏设备一处从实操总分中扣5分，损坏设备严重者取消比赛资格。发现一处失爆扣10分，两处失爆取消实际操作成绩（除规定外）		
其他评分项	在实操总成绩中考核	比赛时间45 min，选手每提前30 s完成奖励0.25分，最多加5分；最小计分单位30 s，不足15 s的按四舍五入人计分		提前完成但实际操作部分成绩达不到90%的（不含时间加分部分）选手不加分；比赛用时结束，所用选手都要停止比赛操作，并收拾工具离现场。凡未输入程序的不得分，未按要求存盘程序造成丢失的，由选手负责		

16

表 4 编 程 评 分 表

序号	实 现 功 能	分值	实现情况简单描述 (完全实现,部分实现,全未实现)	功能得分 (50%)	编程得分 (50%)	得分
1	开机画面延时功能	2				
2	显示隔离开关状态	2				
3	显示系统电压	4				
4	显示系统控制方式	2				
5	显示系统故障状态	2				
6	显示第一回路工作状态	4				
7	显示第二回路工作状态	4				
8	显示第三回路工作状态	4				
9	显示第四回路工作状态	4				
10	显示联机和单启状态	2				
11	联机启动顺序	3				
12	联机停止顺序	3				
13	联机起停控制	4				
14	联机延时	3				
15	联机故障闭锁	5				
16	联机急停停机	2				
17	单机起停控制	4				

表 4（续）

序号	实现功能	分值	实现情况简单描述 （完全实现，部分实现，全未实现）	功能得分 （50%）	编程得分 （50%）	得分
18	单机故障闭锁	3				
19	单机急停停机	3				
20	回路漏电保护功能	8				
21	回路过载保护功能	6				
22	回路短路保护功能	6				
23	三相不平衡或断相保护功能	6				
24	系统过压欠压保护功能	7				
25	照明回路 AC24V 漏电检测功能	7				

注：1. 功能实现按要求以编程评分细则为准。
　　2. 满分100分，最后折算编程得分的40%。

选手竞赛用时：_____分_____秒　　　节时加分：_____分_____

裁判员：_____　　　程序评分员：_____　　　选手最后得分：_____分_____

2017年6月_____

（三）编程评分细则和要求

1. 注意事项

（1）编程调试过程中，选手均按给定的硬件环境，不得随意更改接线要求。

（2）程序调试过程中，可以操作开关外接或本身的按钮。

（3）程序需在给定模板下编写，模板的通信参数设置一律不可更改。

（4）比赛评分标准：现场实现功能由选手操作，裁判判定，在结合编写的程序综合得分；若出现程序雷同或与产品自带程序雷同的视为作弊处理。

（5）给定配套设备的额定电流如下：采煤机，150 A；刮板输送机，机头 100 A，机尾 200 A；转载机，100 A。具体任务见表5。

表5 编程任务书

序号	转载机	刮板输送机机尾	刮板输送机机头	采煤机
1	一回路	二回路	三回路	四回路
2	一回路	二回路	四回路	三回路
3	一回路	三回路	二回路	四回路
4	一回路	三回路	四回路	二回路
5	一回路	四回路	三回路	二回路
6	一回路	四回路	二回路	三回路
7	二回路	一回路	三回路	四回路
8	二回路	一回路	四回路	三回路
9	二回路	三回路	一回路	四回路

表5（续）

序号	转载机	刮板输送机机尾	刮板输送机机头	采煤机
10	二回路	三回路	四回路	一回路
11	二回路	四回路	三回路	一回路
12	二回路	四回路	一回路	三回路
13	三回路	二回路	一回路	四回路
14	三回路	二回路	四回路	一回路
15	三回路	一回路	四回路	二回路
16	三回路	一回路	二回路	四回路
17	三回路	四回路	一回路	二回路
18	三回路	四回路	二回路	一回路
19	四回路	一回路	三回路	二回路
20	四回路	一回路	二回路	三回路
21	四回路	三回路	一回路	二回路
22	四回路	三回路	二回路	一回路
23	四回路	二回路	三回路	一回路
24	四回路	二回路	一回路	三回路

2. 程序实现的功能

第一，显示功能（30分）

1）开机画面延时功能

系统上电后显示屏显示开机画面，延时3 s后，切换为主画面。（2分）

2）主画面显示功能

（1）显示隔离开关状态：实时显示隔离开关状态（0：请合隔离开关；1：正转运行；2：反转运行）。

（2分）

（2）显示系统电压：实时显示当前系统电压值。（4分）

（3）显示系统控制方式：实时显示系统的控制方式，远控先导控制、近控键盘控制（1：先导模块；2：本地键盘）。（2分）

（4）显示系统故障状态：实时显示系统当前的故障信息。（1：24 V漏电；2：系统急停；3：系统过压；4：系统欠压）。（2分）

（5）显示第一回路工作状态：（4分）

① 实时显示回路的启停状态（1：停止；2：启动）。（1分）

② 实时显示三相电流值。（2分）

③ 实时显示回路故障信息（1：回路正常；2：回路短路；3：回路过载；4：回路缺相；6：回路漏电；9：回路急停）。（1分）

（6）显示第二回路工作状态：（4分）

① 实时显示回路的启停状态（1：停止；2：启动）。（1分）

② 实时显示三相电流值。（2分）

③ 实时显示回路故障信息（1：回路正常；2：回路短路；3：回路过载；4：回路缺相；6：回路漏电；9：回路急停）。（1分）

（7）显示第三回路工作状态：（4分）

① 实时显示回路的启停状态（1：停止；2：启动）。（1分）

② 实时显示三相电流值。（2分）

③ 实时显示回路故障信息（1：回路正常；2：回路短路；3：回路过载；4：回路缺相；6：回路漏电；9：回路急停）。（1分）

（8）显示第四回路工作状态：（4分）

① 实时显示回路的启停状态（1：停止；2：启动）。（1分）

② 实时显示三相电流值。（2分）

③ 实时显示回路故障信息（1：回路正常；2：回路短路；3：回路过载；4：回路缺相；6：回路漏电；9：回路急停）。（1分）

（9）显示联机和单启状态：联机状态时四回路回路联机状态均为"回路为从回路"；单启状态时四回路回路联机状态均为"回路为主回路"。（2分）

第二，回路动作（30分）

3）联机启停功能（设备接主回路的位置均不同，由现场抽签决定）(20分)

（1）联机启动顺序为转载机→工作面刮板运输机机尾→工作面刮板运输机机头→采煤机。（3分）

（2）联机停止顺序为采煤机→工作面刮板运输机（机头机尾同时停止）→转载机。（3分）

（3）联机设备之间的启动、停止远控时由第一路先导远程控制，近控时由键盘按键控制（按键"7"启动，"4"停止）。（4分）

（4）联机设备间的顺序启动或停止间隔时间设定为2 s。(3分）

（5）联机运行时，整个系统存在任一故障或任何一个设备存在任一故障联机所有设备应立即停止运行。（5分）

（6）联机运行时，按下控制箱总急停按钮或每回路急停，所有回路立即停止运行，并保持急停故障，直到按下键盘"返回"按键复位清除。（2分）

4）回路单启停功能（10分）

（1）非联机无故障状态下，每回路可由先导远控和键盘近控单独启停，且回路间启停互不影响（键盘控制按键参见显示屏）。（4分）

（2）非联机状态，回路出现本回路故障时，不影响其他回路的启停；出现系统故障，所有回路立即停止。（3分）

（3）非联机状态，按下各回路的急停按钮，对应回路立即停止运行并保持急停故障，直到按下键盘"返回"按键复位清除。（3分）

第三，保护动作（40分）

5）电气保护功能

（1）实现回路漏电保护功能。（8分）

在回路启动前 0.5 s，检测该回路对地绝缘水平，当绝缘电阻值（参考值 1140 V 为 40 kΩ）过低时，该回路不能启动，并显示该回路漏电故障，当绝缘电阻值大于标准值（参考值 1140 V 为 60 kΩ）时故障消失。绝缘电阻值对应关系可参考 PLC 输出寄存器表。

（2）实现回路过载保护功能。（6分）

当回路出现过载时，主控器 PLC 对回路采取反时限过载保护，断开回路，并显示回路过载，1 min 自动复位。
过载保护动作特性见表6。

表6 过载保护动作特性表

保护项目	整定电流数	动 作 时 间	试验条件	复位方式
过载	$1.05I_e$	2 h 内不动作	冷态	自动
	$1.2I_e$	<20 min	热态	自动
	$1.5I_e$	<3 min	热态	自动
	$6I_e$	15 s >可返回时间>8 s	冷态	自动

（3）实现回路短路保护功能。（6分）

当各回路电流达到额定电流的 8～10 倍时，主控器PLC 在 200～400 ms 内发出停止信号，断开回路并显示回路过流，故障消失后按复位按钮复位。

（4）实现回路三相不平衡或断相保护功能。（6分）

当回路出现三相不平衡达到 60% 时，主控器 PLC 发出信号断开回路，并显示回路断相，故障消失后按复位按钮复位。断相保护动作特性见表7。

表7 断相保护动作特性表

序号	实际电流/额定电流		动 作 时 间	起始状态	周围环境温度
	任意两相	第三相			
1	1.0	0.9	>2h（I_e>63A）	冷态	+20 ℃
2	1.15	0	<20 min	热态	+20 ℃

注：三相不平衡度 =（三相最大值－三相最小值）/三相最大值×100% ，为了方便现场评分，该故障动作时间设置为 1 min。

24

（5）实现系统过压欠压保护功能。（7分）

系统电压超过额定电压 15% 时，启动时（启动 1 s 内）低于额定电压 75% 或长时间（20 s）低于额定电压的 85% 时，主控器 PLC 发停止信号，停止所有回路并显示电压异常，故障消失后按复位按钮复位。

（6）实现照明回路 AC24V 漏电检测功能。（7分）

实时检测照明回路漏电电阻值，当低压漏电检测值>182 时，报系统 24 V 漏电故障，并断开 AC24 V 供电继电器，当低压漏电检测值≤182 时，故障消失后按复位按钮复位。

十一、评分方法

本竞赛评分标准本着"公平、公正、公开、科学、规范"的原则进行制订，注重考核选手的职业综合能力和技术应用能力。

评分与记分方法有：

（1）技能操作竞赛由裁判员依据选手现场实际操作规范程度、操作质量、文明操作情况和操作结果，按照技能操作规范评分细则对每个项目单独评分后得出成绩。

（2）竞赛名次按成绩高低排定，总成绩相同者，按竞赛完成时间短者为先。

（3）在竞赛过程中，有作弊行为者，将取消其参赛项目的得分，并在其所在参赛队总分中扣除 10 分。

十二、奖项设定

本赛项奖项设个人奖，个人奖的设定为：一等奖占比

10%，二等奖占比20%，三等奖占比30%。

获得一等奖选手的指导教师由组委会颁发优秀指导教师证书。

十三、赛项安全

（1）选手在进行比赛达到规定时间后，不管完成与否，必须立即停止，准备下一项目。

（2）比赛过程中，选手必须遵守操作规程，按照规定操作顺序进行比赛，正确使用仪器仪表。不得野蛮操作，不得损坏仪器、仪表、设备，否则，一经发现立即责令其退出比赛。

（3）搞好自主安全，比赛中选手不得出现自身伤害事故，凡出现自身伤害者从其总分中扣除20分。

（4）项目开赛前应提醒选手注意操作安全，对于选手的违规操作或有可能引发人身伤害、设备损坏等事故的操作，应及时制止，保证竞赛安全、顺利进行。

十四、申诉与仲裁

本赛项在比赛过程中若出现有失公正或有关人员违规等现象，代表队领队可在比赛结束后2 h之内向仲裁组提出申诉。大赛采取两级仲裁机制。赛项设仲裁工作组，赛区设仲裁委员会。大赛执委会办公室选派人员参加赛区仲裁委员会工作。赛项仲裁工作组在接到申诉后的2 h内组织复议，并及时反馈复议结果。申诉方对复议结果仍有异议，可由省（市）领队向赛区仲裁委员会提出申诉。赛区仲裁委员会的仲裁结果为最终结果。

十五、竞赛观摩

本赛项对外公开，需要观摩的单位和个人可以向组委会申请，同意后进入指定的观摩区进行观摩，但不得影响选手比赛，在赛场中不得随意走动，应遵守赛场纪律，听从工作人员指挥和安排等。

十六、竞赛视频

安排专业摄制组进行拍摄和录制，及时进行报道，包括赛项的比赛过程、开闭幕式等。通过摄录像，记录竞赛全过程，同时制作优秀选手采访、优秀指导教师采访、裁判专家点评和企业人士采访视频资料等。

十七、竞赛须知

（一）参赛队须知

（1）统一使用规定的省、直辖市等行政区代表队名称，不使用学校或其他组织、团队名称。

（2）竞赛采用个人比赛形式，每个参赛选手必须参加所有专项的比赛，不接受跨省组队报名。

（3）参赛选手为高职院校在籍学生，性别不限。

（4）参赛队选手在报名获得确认后，原则上不再更换。允许选手缺席比赛。

（5）参赛队在各竞赛专项工作区域的赛位轮次和工位采用抽签的方式确定。

（6）参赛队所有人员在竞赛期间未经组委会批准，不得接受任何与竞赛内容相关的采访，不得将竞赛的相关情况及资料私自公开。

（二）指导教师须知

（1）指导教师务必带好有效身份证件，在活动过程中佩戴指导教师证参加竞赛及相关活动；竞赛过程中，指导教师非经允许不得进入竞赛场地。

（2）妥善管理本队人员的日常生活及安全，遵守并执行大赛组委会的各项规定和安排。

（3）严格遵守赛场的规章制度，服从裁判，文明竞赛，持证进入赛场允许进入的区域。

（4）熟悉场地时，指导老师仅限于口头讲解，不得操作任何仪器设备，不得现场书写任何资料。

（5）在比赛期间要严格遵守比赛规则，不得私自接触裁判人员。

（6）团结、友爱、互助协作，树立良好的赛风，确保大赛顺利进行。

（三）参赛选手须知

（1）选手必须遵守竞赛规则，文明竞赛，服从裁判，否则取消参赛资格。

（2）参赛选手按大赛组委会规定时间到达指定地点，凭参赛证、学生证和身份证（三证必须齐全）进入赛场，并随机进行抽签，确定比赛顺序。选手迟到 15 min 取消竞赛资格。

（3）裁判组在赛前 30 min，对参赛选手的证件进行检查及进行大赛相关事项教育。

（4）比赛过程中，选手必须遵守操作规程，按照规定操作顺序进行比赛，正确使用仪器仪表。不得野蛮操作，不得损坏仪器、仪表、设备，否则，一经发现立即责令其退出比赛。

（5）参赛选手不得携带通信工具和相关资料、物品进入大赛场地，不得中途退场。如出现较严重的违规、违纪、舞弊等现象，经裁判组裁定取消大赛成绩。

（6）现场实操过程中出现设备故障等问题，应提请裁判确认原因。若因非选手个人因素造成的设备故障，经请示裁判长同意后，可将该选手比赛时间酌情后延；若因选手个人因素造成设备故障或严重违章操作，裁判长有权决定终止比赛，直至取消比赛资格。

（7）参赛选手若提前结束比赛，应向裁判举手示意，比赛终止时间由裁判记录；比赛时间终止时，参赛选手不得再进行任何操作。

（8）参赛选手完成比赛项目后，提请裁判检查确认并登记相关内容，选手签字确认。

（9）比赛结束，参赛选手需清理现场，并将现场仪器设备恢复到初始状态，经裁判确认后方可离开赛场。

（四）工作人员须知

（1）工作人员必须遵守赛场规则，统一着装，服从组委会统一安排，否则取消工作人员资格。

（2）工作人员按大赛组委会规定时间到达指定地点，凭工作证、进入赛场。

（3）工作人员认真履行职责，不得私自离开工作岗位，做好引导、解释、接待、维持赛场秩序等服务工作。

十八、资源转化

竞赛场地和设备作为今后煤矿安全实训基地的重要资源，拍摄的视频资料充分突出赛项的技能，为今后教学提供全面的信息资料。

十九、部分试题及参考答案（表8）

表8　故障点设置现象及设置方法

组号	故障现象	故障点	故障设置方法
第一组	显示屏黑屏无电	空气开关 QF1-2 接线虚接	管状端子用透明胶布包裹该线头后压接原处，注意包裹防止将胶布压穿
	显示屏报"第一回路漏电"	KM1-21 线短接到外壳 PE	用自制短接线短接该处，注意短接线走线与其他走线捆扎在一起
	第一回路不能远控启动	接线端子 D1-2 和 3 接线接反	整理走线，防止故障点太过明显
第二组	显示屏显示通信故障/主控器无电	空气开关 QF4-2 接线虚接	管状端子用透明胶布包裹该线头后压接原处，注意包裹防止将胶布压穿
	第一回路不能远控启动	先导模块 XD1-A 和 B 接线接反	整理走线，防止故障点太过明显
	第一回路和第二回路启动错位	主控器 CZ2-21 与 22 接线接反	整理走线，避免故障点太过明显

表 8（续）

组号	故 障 现 象	故 障 点	故 障 设 置 方 法
第三组	显示屏显示通信故障/主控器无电	空气开关 QF4 - 1 接线虚接	管状端子用透明胶布包裹该线头后压接原处，注意包裹防止将胶布压穿
	显示屏报"系统急停"	接线端子 D6 - 7 与 8 短接	用自制短接线短接该处，注意短接线走线与其他走线捆扎在一起
	第二回路不能远控启动	主控器 CZ2 - 4 与 3 接线接反	整理走线，避免故障点太过明显
第四组	显示屏报"系统欠压"	系统电压系数设置过低	在参数设置画面电压系数设置为 50
	矩阵键盘按键无反应	键盘腔内接线端子 T3 和 T4 接反	将键盘腔内 T3 和 T4 接线更换
	第四回路不能远控启动	接线端子 D1 - 8 和 9 接线接反	整理走线，防止故障点太过明显
第五组	显示屏黑屏无电	开关电源 PW - N 接线虚接	U 型用透明胶布包裹该线头后剪刀剪开 U 口压接原处，注意力度防止胶布压穿
	显示屏报"第二回路漏电"	KM7 - 23 与外壳 PE 短接	用自制短接线短接该处，注意短接线走线与其他走线捆扎在一起
	第一回路与第二回路启动错位	主控器 CZ2 - 21 与 22 接反	整理走线，防止故障点太过明显
第六组	第一回路不能远控启动	先导模块 XD1 - B 接线虚接	管状端子用透明胶布包裹该线头后压接原处，注意包裹防止将胶布压穿
	显示屏报第二回路"温度超温"	ADAM4015 通信线 VSS 线错接在 N/A 端子上	显示屏报第二回路"温度超温"
	第一回路不能远控启动	先导 XD1 设置为复杂模式	将先导模块内部短接线连接在一起

表 8（续）

组号	故障现象	故障点	故障设置方法
第七组	矩阵键盘按键无反应	主控器 CZ1 - 17 与 CZ1 - 18 接反	整理走线，避免故障点太过明显
	显示屏报"系统过压"	系统电压过压报警值过低	在参数设置画面将报警值设置为 950
	显示屏报"24 V 漏电"	零序电流互感器 ELK2 虚接	管状端子用透明胶布包裹该线头后压接原处，注意包裹防止将胶布压穿
第八组	显示屏报第二回路"温度超温"	ADAM4015 通信线 DATA + 与 DA-TA - 接反	整理走线，避免故障点太过明显
	第二回路不能远控启动	先导模块 XD2 - 4 与 XD2 - 5 接反	整理走线，避免故障点太过明显
	第三回路不能远控启动	先导 XD3 设置为复杂模式	将先导模块内部短接线连接在一起
第九组	第一回路和第二回路启动错位	主控器 CZ2 - 21 与 22 接线接反	整理走线，避免故障点太过明显。（故障验证用键盘起停）
	第一回路不能远控启动	先导模块 XD1 - 3 与 XD1 - 5 接反	整理走线，避免故障点太过明显。（故障验证看先导指示灯）
	第一回路不能远控启动	主控器 CZ2 - 3 接线虚接	将该线头用胶布包裹，并隐藏在其他走线中
第十组	第三回路不能远控启动	先导模块 XD3 - 3 与 XD3 - 5 接反	整理走线，避免故障点太过明显
	显示屏报第二回路"温度超温"	ADAM4015 通信线 GND 线错接在 N/A 端子上	整理走线，避免故障点太过明显
	第四回路不能远控启动	先导 XD4 设置为复杂模式	将先导模块内部短接线连接在一起

表8（续）

组号	故障现象	故 障 点	故 障 设 置 方 法
第十一组	第二回路不能远控启动	主控器 CZ2 - 4 与 3 接线接反	整理走线，避免故障点太过明显
	显示屏报瓦斯闭锁	接线端子 D2 - 6 和 D2 - 9 短接	整理走线，避免故障点太过明显
	矩阵键盘按键反应异常	隔离安全栅 GS8092 - 15 错接到 16 上	整理走线，避免故障点太过明显
第十二组	显示屏报"第一回路漏电"	KM7 - 14 与外壳 PE 短接	用自制短接线短接该处，注意短接线走线与其他走线捆扎在一起
	矩阵键盘按键反应异常	隔离安全栅 GS8092 - 7 错接到 8 上	整理走线，避免故障点太过明显
	第三回路与第四回路同时启动	主控器 CZ2 - 23 与 24 同时接 23 上	整理走线，避免故障点太过明显
第十三组	矩阵键盘按键无反应	矩阵键盘白色插头虚接	将白色插头虚接到端子上，用胶布固定在旁边
	显示屏黑屏无电	显示屏 24 V + 接线虚接	管状端子用透明胶布包裹该线头后压接原处，注意包裹防止将胶布压穿
	第四回路不能启动	主控器 KM4 - A2 接线虚接	U 型用透明胶布包裹该线头后用剪刀剪开 U 口压接原处，注意力度防止胶布压穿
第十四组	第四回路不能远控启动	先导模块 XD4 - A 与 XD4 - B 接反	整理走线，避免故障点太过明显
	显示屏一直显示隔离开关"请合隔离开关"	主控器 CZ2 - 14 接线虚接	将该线头用胶布包裹，并隐藏在其他走线中
	第三回路与第四回路同时启动	主控器 CZ2 - 5 与 6 同时接 CZ2 - 5 上	整理走线，避免故障点太过明显

表 8（续）

组号	故障现象	故障点	故障设置方法
第十五组	矩阵键盘按键无反应	键盘腔内 T-9 错接到 T-8 上	整理走线，避免故障点太过明显
	显示屏报第二回路"温度超温"	信号经过板 O3 和 O4 之间添加一个电阻	将电阻隐藏在其他走线中，不明细发现
	所有回路不能启动	主控器 CZ2-31 线头虚接	将该线头用胶布包裹后隐藏在其他走线中
第十六组	第二回路不能远控启动	先导模块 XD2-3 接线虚接	管状端子用透明胶布包裹该线头后压接原处，注意包裹防止将胶布压穿
	显示屏报第二回路"温度超温"	ADAM4015 通信线 DATA+线错接在 N/A 端子上	整理走线，避免故障点太过明显
	显示屏报第二回路"回路漏电"	动力线 U21 短接到 PE	在电流互感器处，将短接线一端压接在动力线 U21 上。另一端压接到电流互感器固定螺栓（设备内侧）上
第十七组	显示屏不能显示隔离开关"正转"	隔离开关辅助接触 F1-2 虚接	U 型用透明胶布包裹该线头后用剪刀剪开 U 口压接原处，注意力度防止将胶布压穿
	所有回路接触器不能启动	接触器 KM5-A2 接线虚接	U 型用透明胶布包裹该线头后用剪刀剪开 U 口压接原处，注意力度防止将胶布压穿
	显示屏报"第三回路漏电"	KM7-33 与外壳 PE 短接	用自制短接线短接该处，注意短接线走线与其他走线捆扎在一起

34

表 8 （续）

组号	故障现象	故障点	故障设置方法
第十八组	显示屏不能显示隔离开关"正转"	主控器 CZ2－12 接线虚接	将该线头用胶布包裹，并隐藏在其他走线中
	矩阵键盘按键无反应	主控器 CZ1－17 接线脱落	整理走线，避免故障点太过明显
	第一回路不能启动	主控器 KM1－A1 接线虚接	U 型用透明胶布包裹该线头后用剪刀剪开 U 口压接原处，注意力度防止将胶布压穿
第十九组	显示屏不能显示隔离开关"正转"	隔离开关辅助接触 F1－1 虚接	U 型用透明胶布包裹该线头后用剪刀剪开 U 口压接原处，注意力度防止将胶布压穿
	第一回路不能远控启动	主控器 CZ2－3 与 4 接线接反	第一回路不能远控启动
	第一回路与第二回路同时启动	主控器 CZ2－21 与22同时接在CZ2-21 处	整理走线，避免故障点太过明显
第二十组	显示屏不能显示隔离开关"正转"	主控器 CZ2－14 接线虚接	将该线头用胶布包裹，并隐藏在其他走线中
	第一回路不能远控启动	先导模块 XD1－3 与 XD1－5 接反	整理走线，避免故障点太过明显
	第一回路不能远控启动	先导模块 XD1－A 与 XD1－B 接反	整理走线，避免故障点太过明显

表 8（续）

组号	故障现象	故障点	故障设置方法
二十一组	所有回路接触器不能启动	接触器 KM5 - A1 接线虚接	U 型用透明胶布包裹该线头后用剪刀剪开 U 口压接原处，注意力度防止将胶布压穿
	显示屏报"第四回路漏电"	KM7 - 44 与外壳 PE 短接	用自制短接线短接该处，注意短接线走线与其他走线捆扎在一起
	矩阵键盘按键无反应	隔离安全栅 GS8092 - 5 与 6 接线接反	整理走线，避免故障点太过明显
二十二组	第二回路不能远控启动	先导模块 XD2 - A 接线虚接	管状端子用透明胶布包裹该线头后压接原处，注意包裹防止将胶布压穿
	显示屏报第二回路"温度超温"	主控器 CZ1 - 8 和 CZ1 - 9 接反	整理走线，避免故障点太过明显
	显示屏报"第二回路漏电"	KM2 - 22 与外壳 PE 短接	用自制短接线短接该处，注意短接线走线与其他走线捆扎在一起

注：1. 排除故障时，应注明故障现象，并写明故障点。

2. 故障设置数量为 3 个（主控器内部不设置故障），故障排查标准：4 个回路均可远近控正常单启动。

3. 以下 4 处不设故障点：

（1）控制变压器 T6 与接地板连接线。

（2）中间接触器 KM5 - 13、穿墙端子 D5 - 3。

（3）中间接触器 QF1 - 1、穿墙端子 D5 - 4。

（4）熔断器组 FU - W、FU - U。

煤矿瓦斯检查（煤矿安全）赛项规程

一、赛项名称

赛项编号：GZT－2017002

赛项名称：煤矿瓦斯检查（煤矿安全）

英语翻译：Coal Mine Gas Inspection （Safety）

赛项组别：高职组

赛项归属产业：煤炭行业

二、竞赛目的

为促进煤炭行业职业院校学生实际操作技能水平，调动广大学生参与实践训练的积极性，提升煤炭行业职业教育能力，促进煤炭职业院校整体教学水平的提升，为煤矿输送合格的安全技术技能型人才。

通过竞赛，进一步推进全国煤炭行业资源环境类相关专业工学结合人才培养，促进校企合作办学，实现专业与产业对接、课程内容与职业标准对接、教学过程与生产过程对接，培养适应煤炭行业技术发展需要的高素质技术技能型专门人才，拓展和提高职业教育的社会认可度；展示高职教育改革和人才培养的成果，激发学生学习兴趣，促进职业院校之间相关专业人才培养改革成果交流。

三、竞赛内容与时间

技能竞赛分四部分。

（一）光学瓦斯检定器选定及故障判断

（1）完成时间：15 min。

（2）对抽取的一组（每组 6 台）光学瓦斯检定器进行检查、判断，从中选出 1 台完好仪器，查出并记录其余 5 台仪器存在的 9 个故障（5 台故障仪器中每台仪器有 1~3 个故障，故障不重复）。

（二）模拟矿井通风系统瓦斯管理

（1）完成时间：22 min。

（2）领取光学瓦斯检定器，手指口述下井测定瓦斯前的准备工作。

（3）在模拟的矿井通风系统中（检查路线包含进风流、采掘工作面、回风流等）按照矿井瓦斯检测和管理要求，一边操作一边口述矿井通风系统中的瓦斯检测程序和管理要点（如果瓦斯浓度超限，至少分析出 2 个以上造成瓦斯超限的原因）。

（三）实测瓦斯浓度、二氧化碳浓度及数据校正

（1）完成时间：12 min。

（2）实测给定混合气样中的瓦斯和二氧化碳的浓度，并记录。

（3）观测现场环境条件（现场提供空盒气压计、温度计），并记录。

（4）对光学瓦斯检定器测定的读数进行真实值校正计算（要有计算过程，保留两位小数），并填写检测报告表。

（四）自救器的佩戴

（1）完成时间：3 min。

（2）口述自救器的作用和使用条件。

（3）模拟发生火灾（瓦斯）事故时佩戴自救器。

四、竞赛方式

竞赛的技能实操部分为个人项目，竞赛内容由每名选手各自独立完成。每省该赛项选手原则上不超过 5 名选手，为了鼓励各省积极组织省赛，对于组织相应赛项省级选拔赛并经大赛执委会审查备案的省份，由大赛执委会根据赛项特点及承办单位实际承接能力，在条件许可的情况下可增加 1 个参赛名额；每 1 名选手只能有 1 名参赛指导老师；可派 1 名领队，1～2 名指导教师参加比赛。不邀请境外代表队参加。

竞赛采用现场操作由裁判员现场评分。

五、竞赛流程

竞赛流程如图 1 所示。

六、竞赛试题

本赛项采用公开赛题方式。

（1）光学瓦斯检定器选定及故障判断。

（2）模拟矿井通风系统瓦斯检查与管理。

（3）实测瓦斯浓度、二氧化碳浓度及数据校正。

（4）自救器的佩戴。

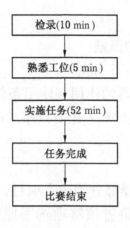

图 1　竞赛流程图

竞赛具体内容见评分标准。

七、竞赛规则

（1）选手必须遵守竞赛规则，文明竞赛，服从裁判，否则取消参赛资格。

（2）高职组参赛选手须为高等学校全日制在籍学生，本科院校中高职类全日制在籍学生，五年制高职四、五年级学生。高职组参赛选手年龄须不超过 25 周岁（当年），即 1992 年 5 月 1 日后出生，凡在往届全国职业院校技能大赛中获一等奖的选手，不能再参加同一项目同一组别的比赛。

（3）参赛选手按大赛组委会规定时间到达指定地点，凭参赛证、学生证和身份证（三证必须齐全）进入赛场，并随机抽取工位号。选手迟到 15 min 取消竞赛资格。各队领队、指导教师及未经允许的工作人员不得进入竞赛场地。

（4）裁判组在赛前 30 min，对参赛选手的证件进行检查及进行大赛相关事项教育。参赛选手在比赛前 20 min 进入比赛工位，确认现场条件无误；比赛时间到方可开始操作。

（5）参赛选手必须严格按照设备操作规程进行操作。参赛选手不得携带通信工具和其他未经允许的资料、物品进入大赛场地，不得中途退场。如出现较严重的违规、违纪、舞弊等现象，经裁判组裁定取消大赛成绩。

（6）比赛过程中出现设备故障等问题，应提请裁判确认原因。若因非选手个人因素造成的设备故障，裁判请示裁判长同意后，可将该选手大赛时间酌情后延；若因选手个人因素造成设备故障或严重违章操作，裁判长有权决定终止比赛，直至取消比赛资格。

（7）参赛选手若提前结束比赛，应向裁判举手示意，比赛终止时间由裁判记录，参赛选手结束比赛后不得再进行任何操作。

（8）参赛选手完成比赛项目后，提请裁判到工位处检查确认并登记相关内容，选手签字确认后听从裁判指令离开赛场。裁判填写执裁报告。

（9）比赛结束，参赛选手需清理现场，并将现场设备、设施恢复到初始状态，经裁判确认后方可离开赛场。

八、竞赛环境

（1）每个分项竞赛场地不小于 16 m²。

（2）模拟矿井通风系统瓦斯检查与管理比赛地点设在重庆工程职业技术学院模拟矿井巷道。

（3）除比赛用设备外，设有备用设备 2 套。

九、技术规范

按照高职院校煤矿安全类专业人才培养方案实施要求，掌握《矿井通风》《煤矿安全》《煤矿安全规程》中关于通风、瓦斯、煤尘、防火等相关的规定，以及煤矿瓦斯检查高级工技能鉴定规范。

（1）技能竞赛赛项规程要求准备的工具由承办方提供。

（2）参赛选手应严格遵守赛场纪律，服从指挥，仪表端庄。

（3）比赛前一天，由各地代表队领队参加抽签确定轮次。

（4）比赛当天，由参加比赛的选手抽签确定工位。

（5）比赛过程中，或比赛后发现问题（包括反应比赛或其他问题），应由领队在当天向大赛组委会提出书面陈述。

（6）其他未尽事宜，将在赛前向各领队做详细说明。

十、技术平台

（一）比赛使用设备（表1）

表1　比赛使用设备

序号	设备名称	规格	备注
1	光学瓦斯检定器	CJG－10	西安重装矿山电器设备有限公司
2	多种有害气体检测器	DQJ－50	重庆安仪煤矿设备有限公司
3	压缩氧自救器	ZYX45	浙江恒泰安全设备有限公司

表1（续）

序号	设备名称	规 格	备 注
4	空盒气压计	DYM3 型	宁波市鄞州姜山玻璃仪器仪表厂
5	酒精温度计	量程 0～60 ℃	
6	机械式风速表	CFJ25	重庆安仪煤矿设备有限公司

（二）瓦斯检测工所配备工具（表2）

表2 瓦斯检测工所配备工具

序号	材料工具	型 号	单位	数量	备 注
1	光学瓦斯检定器	CJG－10（AQG－1）型	台		0～10%（合格1台，故障5台）
2	温度计	量程 0～60 ℃	支	12	
3	空盒气压计	DYM3 型	个	12	
4	秒表		个	若干	
5	机械式风速表	CFJ25	台	若干	
6	硅胶				失效若干（1～2 mm）完好若干（2～3 mm）
7	钠石灰				失效若干（1～3 mm）完好若干（3～5 mm）
8	干电池		节	若干	
9	多种气体检测器	DQJ－50	个	若干	
10	检定管		支	若干	CO_2、O_2
11	粉笔		支	若干	
12	有害气体记录表、圆珠笔		本	20	

序号	材料工具	型 号	单位	数量	备 注
13	工作服、腰带、安全帽		套	12	
14	矿灯、灯带		个	各12	
15	矿靴		双	12	
16	自救器		个	若干	
17	不同浓度瓦斯和二氧化碳混合气样（提供）		瓶	6	第三方若干
18	瓦斯探棒		个	12	

十一、成绩评定

煤矿瓦斯检查实际操作考试要点与评分细则：

（一）光学瓦斯检定器选定及故障判断（20分）

（1）错判、漏判仪器故障点。查出并记录其余5台仪器存在的9个故障，5台故障仪器中每台仪器有1～3个故障，故障不重复，每处扣2分，9个故障点共18分。

（2）每组有一台合格仪器。合格仪器选择错误扣12分，选对得2分。

（二）模拟矿井通风系统瓦斯管理（44分）

1. 测定瓦斯前的准备工作（15分）

1）仪器完好性检查（3分）

（1）目镜组件：护盖、链条完好，两固定点牢固，固定螺丝齐全；提、按、旋转过程中，平稳、灵活可靠、无松动、无卡滞现象。（0.5分）

（2）开关：护套贴紧开关，松紧适度、无缺损；两光源开关按时有弹性、完好。（0.5分）

（3）主调螺旋：护盖、链条完好，两固定点牢固；旋钮完好，旋时灵活可靠，无杂音、无松动、无卡滞现象。（1分）

（4）皮套、背带：皮套完整、无缺损、纽扣能扣上；背带完好、长度适宜。（0.5分）

（5）微调螺旋：旋钮完好，旋时灵活可靠，无杂音、无松动、无卡滞现象。（0.5分）

2）药品检查（2分）

（1）水分吸收管检查：硅胶光滑呈深蓝色颗粒状，变粉红色为失效；吸收管内装的隔圈相隔要均匀、平整，两端要垫匀脱脂棉，内装的药量要适当。（1分）

（2）二氧化碳吸收管检查：药品（钠石灰）呈鲜艳粉红色，药量适当、颗粒粒度均匀（一般约2~5 mm）。变浅、变粉白色为失效，呈粉末状为不合格，必须更换，更换后需做简单的气密性和畅通性试验。（1分）

3）检查气路系统（3分）

（1）检查胶管、吸气球：胶管无缺损，长度适宜；吸气球完好、无龟裂、瘪起自如。（1分）

（2）检查仪器密封性：用手捏扁吸气球，另一手堵住检测胶管进气孔，然后放松吸气球，吸气球1 min不胀起，表明气路系统不漏气。（1分）

（3）检查气路是否畅通：放开进气孔，捏放吸气球，吸气球瘪起自如时表明气路畅通。（1分）

4）检查电路系统和光路系统（2分）

（1）光干涉条纹检查：按下光源电门，调节目镜筒，观察分划板刻度和光干涉条纹清晰，光源灯泡亮度充分。（1分）

（2）微读数检查：按下微读数电门，观察微读数窗口，光亮充分、刻度清晰。（1分）

5）检查仪器精密度（3分）

（1）主读数精度检查：按下光源电门，将光谱的第一条黑色条纹（左侧黑纹）调整到"0"位，第5条条纹与分划板上"7%"数值重合，表明条纹宽窄适当，精度符合要求。（1分）

（2）微读数精度检查：按下微读数电门，把微读数刻度盘调到零位；按下光源电门，调主调螺旋，由目镜观察，使既定的黑色条纹调整到分划板上"1%"位置（1分）；调整微调螺旋，使微读数刻度盘从"0"转到"1.0"，分划板上原对"1%"的黑色条纹恰好回到分划板上的零位时表明小数精度合格（小数精度允许误差为±0.02%）（1分）。

6）仪器整理（2分）

将检查完好的仪器放入工具包或背在肩上（要求整理好）（1分），然后根据井下工作要求，领取瓦斯检查记录手册、笔、多种气体检测器、检定管、温度计等工具和用品（1分）。

2. 采掘工作面通风系统瓦斯检查管理（29分）

1）清洗气室并调零（2分）

（1）清洗瓦斯气室：在待测瓦斯地点的进风流中，将二氧化碳吸收管、水分吸收管都接入测量气路，捏放吸

气球5～10次，吸入新鲜空气清洗瓦斯气室。（1分）

（2）仪器调零：按下微读电源电门，观看微读数观测窗，旋转微调螺旋，使微读数刻度盘的零位与指示板零位线重合；按下光源电门，观看目镜，旋下主调螺旋盖，调主调螺旋，在干涉条纹中选定一条黑基线与分划板上零位重合，并记住这条黑基线；再捏放吸气球5～10次，看黑基线是否漂移，如果出现漂移，需重新调零。调零完毕要盖好主调螺旋盖，防止基线因碰撞而移动。（1分）

2）采煤工作面通风系统瓦斯检查管理（15分）

（1）采煤工作面进风巷瓦斯检查管理：（4分）

① 检查采煤工作面进风巷风流中的瓦斯浓度，口述安全管理标准和分析超限原因，并采取相应的处理措施。（1分）

② 检查采煤工作面进风巷风流中的二氧化碳浓度，口述安全管理标准和分析超限原因，并采取相应的处理措施。（1分）

③ 及时将检查结果填入瓦斯检查工手册和现场的检查记录牌板上。（1分）

④ 检查沿途通风设施是否符合安全质量标准。（1分）

（2）采煤工作面瓦斯检查管理：（3分）

① 采煤机附近瓦斯检查，口述安全管理标准和超限处理措施。（1分）

② 工作面中部液压支架处瓦斯检查，口述安全管理标准和超限处理措施。（1分）

③ 测定采煤工作面风流的温度，口述安全管理标准

和分析超标原因，并采取相应的处理措施。(1分)

（3）采煤工作面上隅角和回风巷瓦斯检查管理：(8分)

① 检查采煤工作面上隅角的瓦斯浓度，口述安全管理标准和分析浓度过高的原因，并采取相应的处理措施。(2分)

② 检查采煤工作面回风巷距离工作面 10～15 m 处风流中的瓦斯浓度，口述安全管理标准和超限处理措施(1分)；对甲烷传感器的安放位置、运行情况进行检查并校对其读数。(1分)

③ 检查采煤工作面回风巷距离回风上山 10～15 m 处风流中的瓦斯浓度，口述安全管理标准和超限处理措施(1分)；对甲烷传感器的安放位置、运行情况进行检查并校对其读数。(1分)

④ 及时将检查结果填入瓦斯检查工手册和现场的检查记录牌板上。(2分)

3）掘进通风系统瓦斯检查管理（12分）

（1）局部通风机处瓦斯检查管理：(2分)

① 检查局部通风机及开关安设位置是否符合规定；局部通风机是否存在循环风。(1分)

② 检查局部通风机及其开关附近 10 m 范围内风流中瓦斯浓度，口述安全管理标准和分析超限原因，并采取相应的处理措施。(1分)

（2）掘进巷道回风流瓦斯检查管理：(6分)

① 在掘进巷道回风口向工作面方向 10～15 m 左右位置，检查甲烷和二氧化碳浓度。(1分)

② 检查甲烷时，将二氧化碳吸收管的进气端胶管置于待测位置（即距巷道顶板 200~300 mm 处），测定二氧化碳浓度时，将仪器进气管送到待测位置（即距巷道底板 200~300 mm 处）。（1 分）

③ 口述安全管理标准和分析超限原因，并采取相应的处理措施。（1 分）

④ 对甲烷传感器的安放位置、运行情况进行检查并校对其读数。（1 分）

⑤ 及时将检查结果填入瓦斯检查工手册和现场的检查记录牌板上。（1 分）

⑥ 检查沿途风筒、隔爆水棚等通风设施是否符合安全质量标准。（1 分）

（3）掘进工作面瓦斯检查管理：（4 分）

① 掘进工作面瓦斯浓度测定应在掘进工作面至风筒出风口距巷道顶、帮、底各为 200 mm 的巷道空间内的风流中进行；测量时要避开风筒出风口；口述安全管理标准和分析超限原因，并采取相应的处理措施。（1 分）

② 测定掘进工作面距迎头 2 m 处巷道中央风流的温度，口述安全管理标准和分析超标原因，并采取相应的处理措施。（1 分）

③ 对甲烷传感器的安放位置、运行情况进行检查并校对其读数。（1 分）

④ 掘进工作面冒落处瓦斯检查处理：当掘进工作面迎头发生冒顶时，还需要对冒顶处的瓦斯进行测定。借助测杖吸取冒落空洞内的气体；利用钢卷尺或其他杆件配合皮尺测量冒高（巷道顶板到冒落空洞顶部的高差），做好

记录，并汇报调度或相关值班人员，口述可采取的处理措施。(1分)

（三）实测瓦斯浓度、二氧化碳浓度及数据校正(30分)

（1）瓦斯检定器清洗气室并调零。

（2）抽取指定混合气体气样，读取测定的浓度值，并记录。

（3）读取空盒气压计和温度计的示值，并记录。

（4）根据测量的环境条件对光学瓦斯检定器测定的读数进行真实值校正计算（要有计算过程，保留两位小数），并填写检测报告表。

（四）自救器的佩戴 (6分)

（1）说出自救器的作用和使用条件。(2分)

（2）模拟发生火灾（瓦斯）事故时佩戴自救器过程。(4分)

具体见测定评分标准表（表3～表7）、汇总表（表8），瓦斯、二氧化碳浓度实测报告见表9。

表3　光学瓦斯检定器选定及故障判断评分标准表

项目	内容	操 作 程 序	标准分	评分标准
光学瓦斯检定器选定及故障判断	1. 故障判断	对抽取的一组（每组6台）光学瓦斯检定器进行检查、判断，查出并记录其中5台仪器存在的9个故障	18	错判、漏判仪器故障点（问题、故障等），每处扣分2分
	2. 选出合格仪器	从中选出1台完好仪器	2	合格仪器选择错误，扣12分
合　　计			20	

50

表4　测定瓦斯前准备工作评分标准表

项目	内容	操作程序	标准分	评分标准
测定瓦斯前准备工作	1. 仪器完好性检查	（1）目镜组件检查	0.5	未手指口述和对应操作扣0.5分；手指口述和对应操作不正确按要点扣分
		（2）开关检查	0.5	未手指口述和对应操作扣0.5分；手指口述和对应操作不正确按要点扣分
		（3）主调螺旋检查	1	未手指口述和对应操作扣1分；手指口述和对应操作不正确按要点扣分
		（4）皮套检查	0.5	未手指口述和对应操作扣0.5分；手指口述和对应操作不正确按要点扣分
		（5）微调螺旋检查	0.5	未手指口述和对应操作扣0.5分；手指口述和对应操作不正确按要点扣分
	2. 药品检查	（1）水分吸收管检查	1	未手指口述和对应操作扣1分；手指口述和对应操作不正确按要点扣分
		（2）二氧化碳吸收管检查	1	未手指口述和对应操作扣1分；手指口述和对应操作不正确按要点扣分
	3. 检查气路系统	（1）检查胶管、吸气球	1	未手指口述和对应操作扣1分；手指口述和对应操作不正确按要点扣分
		（2）检查仪器密封性	1	未手指口述和对应操作扣1分；手指口述和对应操作不正确按要点扣分
		（3）检查气路是否畅通	1	未手指口述和对应操作扣1分；手指口述和对应操作不正确按要点扣分

表4（续）

项目	内容	操作程序	标准分	评分标准
测定瓦斯前准备工作	4. 检查电路系统和光路系统	（1）光干涉条纹检查	1	未手指口述和对应操作扣1分；手指口述和对应操作不正确按要点扣分
		（2）微读数检查	1	未手指口述和对应操作扣1分；手指口述和对应操作不正确按要点扣分
	5. 检查仪器精密度	（1）主读数精度检查	1	未手指口述和对应操作扣1分；手指口述和对应操作不正确按要点扣分
		（2）微读数精度检查	2	未手指口述和对应操作扣2分；手指口述和对应操作不正确按要点扣分
	6. 仪器整理	将检查完好的仪器放入工具包或背在肩上，然后根据井下工作要求，领取工具、用品	2	未手指口述和对应操作扣1分；手指口述和对应操作不正确按要点扣分
合　计			15	

表5　采掘工作面通风系统瓦斯检查管理评分标准表

项目	内容	操作程序	标准分	评分标准
采煤工作面通风系统瓦斯检查管理	1. 进风流清洗气室并调零	（1）吸取新鲜空气清洗气室	1	没有清洗瓦斯气室扣1分
		（2）微读数调零；光干涉条纹调零	1	未先进行微读调零或不进行微读调零的扣1分；未进行光干涉条纹调零的扣1分

表 5（续）

项目	内容	操作程序	标准分	评分标准
采煤工作面通风系统瓦斯检查管理	2. 采煤工作面进风巷瓦斯检查管理	（1）检查瓦斯浓度	1	操作不正确扣 1 分；未口述安全管理标准扣 0.5 分和超限原因及处理措施扣 0.5 分，口述不全面依据要点扣分
		（2）检查二氧化碳浓度	1	操作不正确扣 1 分；未口述安全管理标准扣 0.5 分和超限原因及处理措施扣 0.5 分；口述不全面依据要点扣分
		（3）填写检查结果	1	未及时记录到记录手册上扣 1 分；未填写到瓦斯记录牌板上扣 0.5 分
		（4）检查通风设施	1	未检查沿途通风设施是否符合安全质量标准扣 1 分；手指口述不全面按要点扣分
	3. 采煤工作面瓦斯检查管理	（1）采煤机附近瓦斯检查	1	检查操作不正确扣 0.5 分；未口述安全管理标准和超限处理措施扣 0.5 分；口述不全面依据要点扣分
		（2）工作面中部液压支架处瓦斯检查	1	检查操作不正确扣 0.5 分；未口述安全管理标准和超限处理措施扣 0.5 分；口述不全面依据要点扣分
		（3）测定采煤工作面风流的温度	1	测定操作不正确扣 0.5 分；未口述安全管理标准和分析超标原因分别扣 0.3 分；未口述采取相应的处理措施扣 0.2 分

表 5（续）

项目	内容	操作程序	标准分	评分标准
采煤工作面通风系统瓦斯检查管理	4. 采煤工作面上隅角瓦斯检查管理	检查采煤工作面上隅角的瓦斯浓度	2	操作不正确扣1分；未口述分析浓度过高的原因扣1分，未口述安全管理标准和超限处理措施不得分；口述不全面依据要点扣分
	5. 采煤工作面回风巷瓦斯检查管理	（1）检查采煤工作面回风巷距离工作面 10～15 m 处风流中的瓦斯浓度	1	操作不正确扣1分；未口述安全管理标准和超限处理措施不得分；口述不全面依据要点扣分
		（2）检查并校对甲烷传感器	1	未对甲烷传感器的安放位置、运行情况进行检查并校对其读数不得分；口述不全面依据要点扣分
		（3）检查采煤工作面回风巷距离工作面 10～15 m 处风流中的瓦斯浓度	1	操作不正确扣1分，未口述安全管理标准和超限处理措施不得分；口述不全面依据要点扣分
		（4）检查并校对甲烷传感器	1	未对甲烷传感器的安放位置、运行情况进行检查并校对其读数不得分，口述不全面依据要点扣分
		（5）填写检查结果	2	未及时记录到记录手册上不得分；未填写到瓦斯记录牌板上扣2分

54

表 5（续）

项目	内容	操作程序	标准分	评分标准
掘进通风系统瓦斯检查管理	1. 局部通风机处瓦斯检查管理	（1）检查局部通风机及开关安设位置，局部通风机是否存在循环风	1	未手指口述相关规定不得分，未进行循环风判断扣0.5分，口述不全面依据要点扣分
		（2）检查局部通风机及其开关附近10 m范围内风流中瓦斯浓度	1	操作不正确扣1分；未口述安全管理标准和分析超限原因，并采取相应的处理措施不得分；口述不全面依据要点扣分
	2. 掘进巷道回风流瓦斯检查管理	（1）检查掘进巷道回风口甲烷和二氧化碳浓度	3	回风口位置选择错误扣1分，检查操作不正确扣1分；未口述安全管理标准和分析超限原因及超限处理措施扣1分；口述不全面依据要点扣分
		（2）检查并校对甲烷传感器	1	未对甲烷传感器的安放位置、运行情况进行检查并校对其读数不得分；口述不全面依据要点扣分
		（3）填写检查结果	1	未及时记录到记录手册上不得分；未填写到瓦斯记录牌板上扣0.5分
		（4）检查沿途通风设施	1	未检查沿途通风设施是否符合安全质量标准扣1分；手指口述不全面按要点扣分

表5（续）

项目	内容	操 作 程 序	标准分	评 分 标 准
掘进通风系统瓦斯检查管理	3.掘进工作面瓦斯检查管理	（1）掘进工作面瓦斯浓度测定	1	检查操作不正确扣1分；未口述安全管理标准和分析超限原因及超限处理措施扣1分；口述不全面依据要点扣分
		（2）测定掘进工作面温度	1	测定操作不正确扣1分；未口述安全管理标准和分析超标原因分别扣0.5分；未口述采取相应的处理措施扣0.5分
		（3）检查并校对甲烷传感器	1	未对甲烷传感器的安放位置、运行情况进行检查并校对其读数不得分；口述不全面依据要点扣分
		（4）掘进工作面冒落处瓦斯检查处理	1	手指口述不全面依据要点扣分；未口述可采取的处理措施扣0.5分
合　　计			29	

表6　瓦斯浓度、二氧化碳浓度测定评分标准表

项目	操作内容	操 作 标 准	标准分	评 分 标 准	实得分
瓦斯测定	1.测定瓦斯	（1）仪器调零 （2）抽取气样 （3）读取整数 （4）读取小数	4	仪器未进行调零，扣4分；抽取气样时换气次数少于5次扣1分，不进行整数读取扣2分，不进行小数读取扣2分，扣完本项分为止	

表 6（续）

项目	操作内容	操 作 标 准	标准分	评 分 标 准	实得分
瓦斯测定	2. 环境测定	（1）用空盒气压计测定现场气压，用温度计测定现场空气温度 （2）对气压读数进行刻度、温度和补充修正，修正后的示值填写到现场报告表上	6	① 不进行气压和温度测定扣 6 分；气压读数精确到 100 Pa，每差 100 Pa 扣 1 分，最多扣 3 分；温度读数精确到 1 ℃，每差 1 ℃扣 1 分，最多扣 3 分 ② 气压读数修正：无计算公式扣 1 分；无计算过程或计算公式错误扣 3 分	
	3. 光学瓦斯检定器读数校正，将真实值填写报告表	（1）根据现场环境测定数据，列出校正系数公式：$[K=345.8(273+t)/p]$；并有计算过程 （2）计算瓦斯真实值：瓦斯测值乘以校正系数 K 得出瓦斯真实测值，要有计算公式和计算过程 （3）将瓦斯真实值填入报告表	10	① 真实值与气样标准值绝对误差每差 0.02% 扣 0.5 分，最多扣 10 分 ② 未精确到小数点后 2 位数或超过 2 位数，扣 2 分 ③ 未列出校正系数公式扣 5 分，计算每少一步扣 1 分。计算无结果扣 5 分 ④ 扣完小项分为止	
二氧化碳测定	4. 混合气体测定	（1）抽取气样 （2）读取整数 （3）读取小数	4	抽取气样时换气次数少于 5 次扣 1 分，不进行整数读取扣 2 分，不进行小数读取扣 2 分，扣完本项分为止	

项目	操作内容	操作标准	标准分	评分标准	实得分
二氧化碳测定	5. 二氧化碳浓度计算，将计算真实值写在报告表	(1) 二氧化碳浓度的计算 (2) 计算二氧化碳的真实值，要有计算过程 (3) 将瓦斯真实值填入报告表	6	① 真实值与气样标准值绝对误差每差 0.02% 扣 0.5 分，最多扣 3 分 ② 未精确到小数点后 2 位数或超过 2 位数，扣 1 分 ③ 未列出校正系数公式扣 3 分，计算每少一步扣 1 分。计算无结果扣 3 分 ④ 扣完小项分为止	
合　　计			30		

表 7　自救器佩戴评分标准表

项目	内容	操作程序	标准分	评分标准	实得分
自救器佩戴	1. 佩戴说明	(1) 使用条件 (2) 作用	2	未按要求进行口述，每项扣 1 分，扣完本项分为止	
	2. 佩戴过程	(1) 观察压力计 (2) 拉出氧气囊 (3) 打开开关和套背带 (4) 咬口具 (5) 戴鼻夹 (6) 在呼吸的同时按动手动补给按钮 1~2 s，气囊将要充满氧气时立即停止	4	未按要求操作，每项扣 1 分，扣完为止	
合　　计			6		

表 8　煤矿瓦斯检查技能比赛汇总评分表

选手 抽签号			比赛 日期	
竞赛项目 名称	瓦斯检查工作实际操作		规定 时间	52 min（故障 15 min、现场 通风系统瓦斯管理 22 min、 瓦斯浓度和二氧化碳浓度实 测 12 min、自救器佩戴 3 min）

竞赛项目	竞赛内容及要求		配分	评 分 标 准	扣分	得分
项目一： 故障判断 及合格仪 器选定 （20 分）	故障判断		18	错判、漏判仪器故障点 （问题、故障等），每处扣分 2 分；故障按对应序号写入， 多写或重复写不得分		
	选出合格仪器		2	合格仪器选择错误的参赛 选手，扣 12 分		
项目二： 模拟矿井 通风系统 瓦斯管理 （44 分）	测定准备工作	仪器完好性 检查	3	未口述和未对应操作不得 分；口述不正确或操作不到 位依据要点扣分		
		药品检查	2	未口述和未对应操作不得 分；口述不正确或操作不到 位依据要点扣分		
		气路系统检 查	3	未口述和未对应操作不得 分；口述不正确或操作不到 位依据要点扣分		
		电路和光路 系统检查	2	未口述和未对应操作不得 分；口述不正确或操作不到 位依据要点扣分		
		检查仪器精 密度	3	未口述和未对应操作不得 分；口述不正确或操作不到 位依据要点扣分		
		仪器整理	2	未口述和未对应操作不得 分；口述不正确或操作不到 位依据要点扣分		

表 8（续）

竞赛项目	竞赛内容及要求		配分	评 分 标 准	扣分	得分
项目二：模拟矿井通风系统瓦斯管理（44 分）		清洗气室并调零	2	未口述不得分；口述不正确依据要点扣分		
	采煤通风系统瓦斯检查管理	采煤工作面进风巷瓦斯检查管理	4	未口述和未对应操作不得分；口述不正确或操作不到位依据要点扣分		
		采煤工作面瓦斯检查管理	3	未口述和未对应操作不得分；口述不正确或操作不到位依据要点扣分		
		采煤工作面上隅角和回风巷瓦斯检查管理	8	未口述和未对应操作不得分；口述不正确或操作不到位依据要点扣分		
	掘进通风系统瓦斯检查管理	局部通风机处瓦斯检查管理	2	未口述和未对应操作不得分；口述不正确或操作不到位依据要点扣分		
		掘进巷道回风流瓦斯检查管理	6	未口述和未对应操作不得分；口述不正确或操作不到位依据要点扣分		
		掘进工作面瓦斯检查管理	4	未口述和未对应操作不得分；口述不正确或操作不到位依据要点扣分		
项目三：瓦斯浓度实测（30 分）	CH4 测定	1. 测定瓦斯	4	依据评分要点扣分		
		2. 环境测定	6	依据评分要点扣分		
		3. 光学瓦斯检定器读数校正、将真实值填写报告表	10	（1）真实值与标准值绝对误差每差 0.02% 扣 0.5 分，最多扣 10 分 （2）无计算公式扣 5 分，或过程不全，每少一步扣 1 分 （3）计算无结果扣 5 分 （4）扣完小项分为止		

表 8（续）

竞赛项目	竞赛内容及要求		配分	评 分 标 准	扣分	得分
项目三：瓦斯浓度实测（30 分）	CO_2 测定	4. 混合气体测定	4	依据评分要点扣分		
		5. 二氧化碳浓度计算，将计算真实值写在报告表	6	（1）真实值与气样标准值绝对误差每差 0.02% 扣 0.5 分，最多扣 3 分 （2）未精确到小数点后 2 位数或超过 2 位数，扣 1 分 （3）未列出校正系数公式扣 3 分，计算每少一步扣 1 分。计算无结果扣 3 分 （4）扣完小项分为止		
项目四：自救器佩戴（3 分）	自救器佩戴	1. 口述作用与适用条件	2	口述不正确按要点扣分		
		2. 佩戴过程	4	未按要求操作，每项扣 1 分，扣完为止；时间不超过 1 min 每超过 2 s 扣 0.5 分，扣完小项分为止		
注意事项	1. 选手在进行比赛时达到规定时间后，不管完成与否，必须立即停止，准备下一项目 2. 比赛过程中，选手必须遵守操作规程，按照规定操作顺序进行比赛，正确使用仪器仪表。不得野蛮操作，不得损坏仪器、仪表、设备，否则，一经发现立即责令其退出比赛 3. 搞好自主保安，比赛中选手不得出现自身伤害事故，凡出现自身伤害者从其总分中扣除 20 分 4. 每提前 1 min 完成所有项目加 1 分，如果没有完成比赛提前离场不加分。不足 1 min 不加分，最多加 5 分 5. 打分时严格按照标准评分表来评分					

表9 瓦斯、二氧化碳浓度实测报告表

参赛队：＿＿＿＿＿＿＿　选手姓名：＿＿＿＿＿＿＿　选手编号：＿＿＿＿＿＿＿

---

1. 测定 CH_4

   整数：＿＿＿＿＿＿＿＿小数：＿＿＿＿＿＿＿＿

   测出的瓦斯浓度 $C=$ ＿＿＿＿＿＿＿＿

2. 环境测定

   $P_s=$ ＿＿＿＿＿＿＿＿

   $t=$ ＿＿＿＿＿＿＿＿

   修订公式

   $P=$

3. 求出真实瓦斯浓度值（保留两位小数）：

4. 求出混合气体浓度值（保留两位小数）：

5. 求出真实二氧化碳浓度值（保留两位小数）：

操作时间：＿＿＿＿＿＿＿＿

得分：

评委（签名）：

（五）光学瓦斯鉴定器故障类别

（1）干涉条纹宽度偏大。

（2）钠石灰失效。

（3）干涉条纹后视现场不足。

（4）钠石灰颗粒不均匀。

（5）干涉条纹倾斜。

（6）主调螺旋盖缺链条。

（7）干涉条纹宽度偏小。

（8）缺主调螺旋固定螺丝。

（9）干涉条纹前视现场不足。

（10）缺目镜护盖。

（11）小数精度不正确。

（12）照明装置组缺护盖。

（13）硅胶失效。

（14）隔片位置不正确。

（15）吸收管缺隔片。

十二、奖项设定

本赛项奖项设个人奖，个人奖的设定为：一等奖占比10%，二等奖占比20%，三等奖占比30%。

获得一等奖选手的指导教师由组委会颁发优秀指导教师证书。

十三、赛项安全

（1）选手在进行比赛时达到规定时间后，不管完成与否，必须立即停止，准备下一项目。

（2）比赛过程中，选手必须遵守操作规程，按照规定操作顺序进行比赛，正确使用仪器仪表。不得野蛮操作，不得损坏仪器、仪表、设备，否则，一经发现立即责令其退出比赛。

（3）搞好自主保安，比赛中选手不得出现自身伤害事故，凡出现自身伤害者从其总分中扣除 20 分。另外：每提前 1 min 完成所有项目加 1 分，最多加 5 分。

（4）项目开赛前应提醒选手注意操作安全，对于选手的违规操作或有可能引发人身伤害、设备损坏等事故的操作，应及时制止，保证竞赛安全、顺利进行。

十四、竞赛须知

（一）参赛队须知

（1）统一使用规定的省、直辖市等行政区代表队名称，不使用学校或其他组织、团队名称。

（2）竞赛采用个人比赛形式，每个参赛选手必须参加所有专项的比赛，不接受跨省组队报名。

（3）参赛选手为高职院校在籍学生，性别不限。

（4）参赛队选手在报名获得确认后，原则上不再更换。允许选手缺席比赛。

（5）参赛队在各竞赛专项工作区域的赛位轮次和工位采用抽签的方式确定。

（6）参赛队所有人员在竞赛期间未经组委会批准，不得接受任何与竞赛内容相关的采访，不得将竞赛的相关情况及资料私自公开。

（二）指导教师须知

（1）指导教师务必带好有效身份证件，在活动过程中佩戴指导教师证参加竞赛及相关活动；竞赛过程中，指导教师非经允许不得进入竞赛场地。

（2）妥善管理本队人员的日常生活及安全，遵守并执行大赛组委会的各项规定和安排。

（3）严格遵守赛场的规章制度，服从裁判，文明竞赛，持证进入赛场允许进入的区域。

（4）熟悉场地时，指导老师仅限于口头讲解，不得操作任何仪器设备，不得现场书写任何资料。

（5）在比赛期间要严格遵守比赛规则，不得私自接触裁判人员。

（6）团结、友爱、互助协作，树立良好的赛风，确保大赛顺利进行。

（三）参赛选手须知

（1）选手必须遵守竞赛规则，文明竞赛，服从裁判，否则取消参赛资格。

（2）参赛选手按大赛组委会规定时间到达指定地点，凭参赛证、学生证和身份证(三证必须齐全)进入赛场，并随机进行抽签,确定比赛顺序。选手迟到15 min取消竞赛资格。

（3）裁判组在赛前30 min，对参赛选手的证件进行检查及进行大赛相关事项教育。

（4）比赛过程中，选手必须遵守操作规程，按照规定操作顺序进行比赛，正确使用仪器仪表。不得野蛮操作，不得损坏仪器、仪表、设备，否则，一经发现立即责令其退出比赛。

（5）参赛选手不得携带通信工具和相关资料、物品进入大赛场地，不得中途退场。如出现较严重的违规、违纪、舞弊等现象，经裁判组裁定取消大赛成绩。

（6）现场实操过程中出现设备故障等问题，应提请裁判确认原因。若因非选手个人因素造成的设备故障，经请示裁判长同意后，可将该选手比赛时间酌情后延；若因选手个人因素造成设备故障或严重违章操作，裁判长有权决定终止比赛，直至取消比赛资格。

（7）参赛选手若提前结束比赛，应向裁判举手示意，比赛终止时间由裁判记录；比赛时间终止时，参赛选手不得再进行任何操作。

（8）参赛选手完成比赛项目后，提请裁判检查确认并登记相关内容，选手签字确认。

（9）比赛结束，参赛选手需清理现场，并将现场仪器设备恢复到初始状态，经裁判确认后方可离开赛场。

（四）工作人员须知

（1）工作人员必须遵守赛场规则，统一着装，服从组委会统一安排，否则取消工作人员资格。

（2）工作人员按大赛组委会规定时间到达指定地点，凭工作证、进入赛场。

（3）工作人员认真履行职责，不得私自离开工作岗位。做好引导、解释、接待、维持赛场秩序等服务工作。

十五、申诉与仲裁

本赛项在比赛过程中若出现有失公正或有关人员违规等现象，代表队领队可在比赛结束后 2 h 之内向仲裁组提出申诉。大赛采取两级仲裁机制。赛项设仲裁工作组，赛区设仲裁委员会。大赛执委会办公室选派人员参加赛区仲裁委员会工作。赛项仲裁工作组在接到申诉后的 2 h 内组织复议，并及时反馈复议结果。申诉方对复议结果仍有异议，可由省（市）领队向赛区仲裁委员会提出申诉。赛区仲裁委员会的仲裁结果为最终结果。

十六、竞赛观摩

本赛项对外公开，需要观摩的单位和个人可以向组委会申请，同意后进入指定的观摩区进行观摩，但不得影响选手比赛，在赛场中不得随意走动，应遵守赛场纪律，听从工作人员指挥和安排等。

十七、竞赛视频

安排专业摄制组进行拍摄和录制，及时进行报道，包括赛项的比赛过程、开闭幕式等。通过摄录像，记录竞赛全过程。同时制作优秀选手采访、优秀指导教师采访、裁判专家点评和企业人士采访视频资料。

十八、资源转化

竞赛场地和设备作为今后煤矿安全实训基地的重要资源，拍摄的视频资料充分突出赛项的技能，为今后教学提供全面的信息资料。

十九、部分试题及参考答案

（一）采煤工作面通风系统瓦斯检查管理
1. 采煤工作面进风巷瓦斯检查管理

（1）检查采煤工作面进风巷风流中的瓦斯浓度，口述安全管理标准和分析超限原因，并采取相应的处理措施。

标准：采煤工作面进风巷风流中瓦斯浓度不得超过0.5%。

原因：风量不足引起瓦斯积聚；不按需要风量配风、巷道冒顶堵塞、都有可能因风量小、风速低而造成瓦斯积聚。

措施：合理加大风量，使风流畅通；加大瓦斯抽放。

（2）检查采煤工作面进风巷风流中的二氧化碳浓度，口述安全管理标准和分析超限原因，并采取相应的处理措施。

标准：采煤工作面进风巷风流中二氧化碳浓度超过0.5%时，必须停止工作，撤出人员，采取措施，进行处理。

原因：二氧化碳异常涌出；风量不足。

措施：加强通风；加强二氧化碳监控与治理；加强监控设备的维修与管理。

（3）及时将检查结果填入瓦检工手册和现场的检查记录牌板上。

包括检查地点名称，瓦斯及二氧化碳浓度、其他有害气体浓度、温度、检查日期、班次、时间、次数、瓦斯检查员的姓名等。

（4）检查沿途通风设施是否符合安全质量标准。

通风设施是控制风流所采用的一些人工建筑的设施，可分为隔绝风流、隔断风流、分隔风流、调控风流及输送风流等设施，设施必须完好可靠。

2. 采煤工作面瓦斯检查管理

（1）采煤机附近瓦斯检查，口述安全管理标准和超限处理措施。

标准：采煤机和掘进机必须设置机载式甲烷断电仪或便携式甲烷检测报警仪。甲烷报警浓度大于或等于1.0%，断电浓度大于或等于1.5%；复电浓度小于1.0%。

原因：回采工作面，在采煤机截割部附近和机体与煤壁之间易出现瓦斯积聚。主要原因是该处断面狭窄，通风不良，还有一个原因是割煤后煤体内瓦斯释放较为集中。

措施：在采煤机上安装瓦斯自动检测报警断电仪，一旦瓦斯超限就切断电源，停止割煤。合理加大工作面风量，提高机道和采煤机附近的风速，以消除其局部瓦斯积聚。当工作面风速不能满足防止采煤机附近瓦斯积聚时，应采用提高局部地点风速的办法，通常用小引射器加大采煤机附近的风速。

（2）工作面中部液压支架处瓦斯检查，口述安全管理标准和超限处理措施。

标准：液压支架处瓦斯浓度超过1.0%，必须停止工作，撤出人员，采取措施，进行处理。

措施：合理加大工作面风量；采用引射器加大液压支架附近的风速；瓦斯抽放。

（3）测定采煤工作面风流的温度，口述安全管理标准和分析超标原因，并采取相应的处理措施。

标准：《煤矿安全规程》规定，当采掘工作面空气温度超过 26 ℃、机电设备硐室超过 30 ℃时，必须缩短超温地点工作人员的工作时间，并给予高温保健待遇。当采掘工作面的空气温度超过 30 ℃、机电设备硐室超过 34 ℃时，必须停止作业。

原因：风流短路，回风不畅通。井巷围岩传热、机电设备放热、运输中煤炭及矸石的放热、人员放热、热水放热。

措施：合理加大风量，确保回风巷畅通；洒水降温；人工制冷空调；加强个体防护。

3. 采煤工作面上隅角和回风巷瓦斯检查管理

（1）检查采煤工作面上隅角的瓦斯浓度，口述分析浓度过高的原因，并采取相应的处理措施。

原因：①工作面后方采空区内积存着高浓度的瓦斯，上隅角是采空区漏风的出口，漏风可将瓦斯带到上隅角；②瓦斯的相对密度小，采空区瓦斯沿倾斜向上移动，部分瓦斯从上隅角附近逸散出来；③工作面风流在上隅角回风侧呈直角拐弯，在上隅角形成涡流，瓦斯不易被风流带走。

措施：①挂风障引导风量法；②尾巷排放瓦斯法；③风筒导引排放瓦斯法；④瓦斯抽放法；⑤液压局部通风机吹散法；⑥充填置换法；⑦改变通风方式；⑧沿空留巷排除法；⑨风压调节法。

（2）检查采煤工作面回风巷距离工作面 10 ~ 15 m 处风流中的瓦斯浓度，口述安全管理标准和超限处理措施；对甲烷传感器的安放位置、运行情况进行检查并校对其读数。

标准：采煤工作面回风巷风流中瓦斯浓度超过 1.0% ，必须停止工作，撤出人员，采取措施，进行处理。

措施：加强通风；瓦斯抽放；沿空留巷排除法；改变通风方式；风压调节法，加强巷道维护。

传感器安设位置：工作面的传感器位置应安设在离上安全口小于或等于 10 m 处，甲烷报警浓度大于或等于 1.0% ，断电浓度大于或等于 1.5% ，复电浓度小于 1.0% 。断电范围：工作面及其回风巷内全部非本质安全型电气设备。

甲烷传感器每 7 天必须使用校准气样和空气气样调教 1 次，每 7 天必须对甲烷超限断电功能进行测试。发生故障时必须及时处理，在故障期间必须有安全措施。

（3）检查采煤工作面回风巷距离回风上山 10～15 m 处风流中的瓦斯浓度，口述安全管理标准和超限处理措施；对甲烷传感器的安放位置、运行情况进行检查并校对其读数。

标准：采煤工作面回风巷风流中瓦斯浓度超过 1.0% ，必须停止工作，撤出人员，采取措施，进行处理。

措施：加强通风；瓦斯抽放；沿空留巷排除法；改变通风方式；风压调节法。

传感器安设位置：采煤工作面回风巷距离回风上山安设甲烷传感器的位置不得大于 15 m ，规定在 10～15 m ，甲烷报警浓度大于或等于 1.0% ，断电浓度大于或等于 1.5% ，复电浓度小于 1.0% 。断电范围：工作面及其回风巷内全部非本质安全型电气设备。

随时将光学瓦检仪或便携式瓦检仪与甲烷传感器进行

检查对照，当两者读数误差大于允许误差时，先以读数较大者为依据，采取安全措施并必须在 8 h 内对 2 种设备调校完毕。

甲烷传感器每 7 天必须使用校准气样和空气气样调教 1 次，每 7 天必须对甲烷超限断电功能进行测试。发生故障时必须及时处理，在故障期间必须有安全措施。

（4）及时将检查结果填入瓦斯检测工手册和现场的检查记录牌板上。

包括检查地点名称，瓦斯及二氧化碳浓度、其他有害气体浓度、温度、检查日期、班次、时间、次数、瓦斯检查员的姓名等。

（二）掘进通风系统瓦斯检查管理

1. 局部通风机处瓦斯检查管理

（1）局部通风机及开关安设位置是否符合规定；局部通风机是否存在循环风。

规定：局部通风机必须安设在新鲜风流中，且距回风口不得小于 10 m。防止风机存在循环风，开关有明显的标志，与局部通风机的距离不得超过 10 m。局部通风机安装设备要齐全，使用低噪声局部通风机或安设消音器，高压部位有衬垫不漏风，电缆接线盒、电缆进线孔有密封圈，不漏风，吸风口有风罩和整流器。安设离地高度大于 0.3 m，大断面巷道应吊挂。

循环风：掘进巷道中的一部分风流回流到局部通风机的吸入口，通过局部通风机及其风筒，重新供给掘进工作面用风。根据定义判断现场是否存在。

（2）检查局部通风机及其开关附近 10 m 范围内风流

中瓦斯浓度，口述安全管理标准和分析超限原因，并采取相应的处理措施。

标准：在局部通风机及其开关地点附近 10 m 以内风流中的瓦斯浓度都不超过 0.5% 时，方可人工开启局部通风机。

原因：①风量不足；②出现循环风；③巷道变形严重堵塞通风系统，造成瓦斯超限；④通风系统不合理或通风设施损坏，造成瓦斯超限；⑤监控系统受损或故障造成的瓦斯超限。

措施：加强通风；加强巷道维护；加强传感器的维修与调校；加强通风设施管理。

2. 掘进巷道回风流瓦斯检查管理

（1）在掘进巷道回风口向工作面方向 10 ~ 15 m 左右位置，检查甲烷和二氧化碳浓度。

标准：采掘工作面回风巷风流中瓦斯浓度超过 1.0% 或二氧化碳浓度超过 1.5% 时，必须停止工作，撤出人员，采取措施，进行处理。

（2）检查甲烷时，将二氧化碳吸收管的进气端胶管置于待测位置（即距巷道顶板 200 ~ 300 mm 处），测定二氧化碳浓度时，将仪器进气管送到待测位置或有瓦斯处（即距巷道底板 200 ~ 300 mm 处）。

（3）口述安全管理标准和分析超限原因，并采取相应的处理措施。

标准：采掘工作面回风流中的瓦斯浓度超过 1.0% 时，必须停止工作，撤出人员，采取措施进行处理。

原因：①局部通风机停止运转；②局部通风机出现循

环风；③瓦斯异常涌出；④风筒漏风，工作面风量不足；⑤回风不畅通。

措施：①加强通风管理，保证可靠的供风量；②加强瓦斯管理，防止掘进工作面瓦斯超限。

（4）对甲烷传感器的安放位置、运行情况进行检查并校对其读数。

掘进巷道回风流设置瓦斯传感器在距回风上山 10 ～ 15 m 处。甲烷传感器应垂直悬挂在巷道顶板（顶梁）下距顶板不大于 300 mm，距巷道侧壁不小于 200 mm 处；应安设在坚固顶板或支护处以防冒顶及其他的损伤；应设在顶板无淋水处，不得悬挂在风筒出风口和风筒漏风处。

随时将光学瓦检仪或便携式瓦检仪与甲烷传感器进行检查对照，当两者读数误差大于允许误差时，先以读数较大者为依据，采取安全措施并必须在 8 h 内对 2 种设备调校完毕。

甲烷传感器每 7 天必须使用校准气样和空气气样调教 1 次，每 7 天必须对甲烷超限断电功能进行测试。发生故障时必须及时处理，在故障期间必须有安全措施。

（5）及时将检查结果填入瓦检工手册和现场的检查记录牌板上。

包括检查地点名称，瓦斯及二氧化碳浓度、其他有害气体浓度、温度、检查日期、班次、时间、次数、瓦斯检查员的姓名等。

（6）检查沿途风筒、隔爆水棚等通风设施是否符合安全质量标准。

标准：风筒要吊挂平直，不拐死弯，逢环必挂，漏风小，连接简单，粘补维修容易，阻燃，抗静电，耐腐蚀。

隔爆水棚的排间距为 1.2~3.0 m，主要隔爆水棚的棚区长度不小于 30 m，辅助隔爆棚的棚区长度不小于 20 m，分散式水袋棚棚区长度不小于 120 m。水棚应设置在巷道直线段内，水棚与巷道的交叉口，转弯处，变坡处之间的距离不得小于 50 m，隔爆水袋距底板大于 1.8 m，首排水棚距工作面的距离，必须保持 60~200 m 范围内。

3. 掘进工作面瓦斯检查管理

（1）掘进工作面瓦斯浓度测定应在掘进工作面至风筒出风口距巷道顶、帮、底各为 200 mm 的巷道空间内的风流中进行；测量时要避开风筒出风口；口述安全管理标准和分析超限原因，并采取相应的处理措施。

标准：掘进工作面风流中瓦斯浓度达到 1.5% 时，必须停止工作，切断电源，撤出人员，进行处理。

原因：①局部通风机停止运转；②局部通风机出现循环风；③瓦斯异常涌出；④风筒漏风，工作面风量不足；⑤回风不畅通。

措施：①加强通风管理，保证可靠的供风量；②加强瓦斯管理，防止掘进工作面瓦斯超限。

（2）测定掘进工作面距迎头 2 m 处巷道中央风流的温度，口述安全管理标准和分析超标原因，并采取相应的处理措施。

标准：《煤矿安全规程》规定，当采掘工作面空气温度超过 26 ℃、机电设备硐室超过 30 ℃时，必须缩短超温地点工作人员的工作时间，并给予高温保健待遇。当采掘工作面的空气温度超过 30 ℃、机电设备碉室超过 34 ℃时，必须停止作业。

原因：井巷围岩传热、机电设备放热、运输中煤炭及矸石的放热、人员放热、热水放热。

措施：加强通风；洒水降温；人工制冷空调；加强个体防护。

（3）对甲烷传感器的安放位置、运行情况进行检查并校对其读数。

掘进工作面甲烷传感器应尽量靠近工作面设置，距掘进工作面应小于或等于 5 m。

随时将光学瓦检仪或便携式瓦检仪与甲烷传感器进行检查对照，当两者读数误差大于允许误差时，先以读数较大者为依据，采取安全措施并必须在 8 h 内对 2 种设备调校完毕。

甲烷传感器每 7 天必须使用校准气样和空气气样调教 1 次，每 7 天必须对甲烷超限断电功能进行测试。发生故障时必须及时处理，在故障期间必须有安全措施。

（4）检测掘进工作面冒落处瓦斯并进行处理。

当掘进工作面迎头发生冒顶时，还需要对冒顶处的瓦斯进行测定。利用测杆吸取冒落空洞内的气体；利用钢卷尺或其他杆件配合皮尺测量冒高（巷道顶板到冒落空洞顶部的高差），做好记录，并汇报调度或相关值班人员，口述可采取的处理措施。

措施：导风板引风法；充填置换法；风筒分支排放法；风压排除法。

采掘电气维修赛项规程

一、赛项名称

赛项名称：采掘电气维修

英语翻译：Mining Electrical Maintenance

赛项组别：高职组

赛项归属产业：煤炭开采

二、竞赛目的

为促进煤炭类高等职业教育的发展，加强高端技能型人才的培养，调动广大学生参与实践实训的积极性，提升煤炭职业院校整体实践教学水平。促进产教融合、校企合作、产业发展；展示职教改革成果及师生良好精神面貌。

三、竞赛内容与时间

1. 程序联锁控制系统接线、调试、运行
2. 磁力启动器故障处理（50 min）

故障类型：磁力启动器本身故障和联锁信号故障。

具体任务如下：

项目一：开关及磁力启动器规范操作。

项目二：控制线接线。

项目三：磁力启动器故障排除。

项目四：系统调试。

四、竞赛方式

竞赛只考核技能部分。技能竞赛部分内容由每名选手各自独立完成。每个参赛队由 2～3 人组成，不容许跨队参赛，团体成绩由参赛队 2 名队员或 3 名选手中成绩高的 2 名队员成绩之和构成。

竞赛采用现场操作，由裁判员现场评分。

五、竞赛流程

每个队员依照抽签顺序准备比赛。队员上场前抽取故障设置题签，选定故障设置方案，在参赛队员无法看到的情况下由技术人员根据所抽取的方案号设置故障。队员进入赛场独自完成四个项目：磁力启动器操作、控制线路接线、故障排除、系统调试等工作。完成后由裁判根据完成质量标准给分。

竞赛流程如图 1 所示。

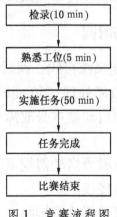

图 1 竞赛流程图

六、竞赛试题

比赛采用公开赛题方式，从下列故障点中选取 3 个故障点，故障点设置在任意磁力启动器上。

根据比赛设备 QJZ400 的电气原理图可能设置故障点如下：

（一）不吸合故障点

（1）断开（换）FU1。

（2）电源调到 1140 V 位置。

（3）断开（换）FU2，或断开 1、2 号线。

（4）断开 3 号线。

（5）断开（换）FU3，或断开 4、9 号线。

（6）断开 10 号线。

（7）断开（换）FU4，或断开 5、6 号线。

（8）断开 14 号线。

（9）断开启动按钮 QA 两端接线。

（10）断开停止按钮 TA 两端接线。

（11）将远近控制设置为远控位。

（12）断开 GHK－1 常开接点，或断开 6、8 号线。

（13）风电闭锁设置为打开。

（14）瓦斯闭锁设置为打开。

（15）系统电压设置为 1140 V。

（二）继电器 J1 吸合，真空接触器不吸合故障点

（1）断开 J1－1 两端。

（2）断开 CKJ 线圈，或断开 7、14 号线。

（三）不自保故障点

断开 37、38 号线。

（四）自启动停不了的故障点

（1）短接 J1 - 1。

（2）短接 39、40 号线。

（3）短接启动按钮 QA。

（五）将实验开关选在漏电、过载位置

（1）46 号线与 di 短接漏电。

（2）33 号线与 45 号线短接过载。

（3）负载一相接地。

七、竞赛规则

（1）选手必须遵守竞赛规则，文明竞赛，服从裁判，否则取消参赛资格。

（2）高职组参赛选手须为高等学校全日制在籍学生，本科院校中高职类全日制在籍学生，五年制高职四、五年级学生。高职组参赛选手年龄须不超过 25 周岁（当年），即 1992 年 5 月 1 日后出生，凡在往届全国煤炭职业院校技能大赛中获一等奖的选手，不能再参加同一项目同一组别的比赛。

（3）参赛选手按大赛组委会规定时间到达指定地点，凭参赛证、学生证和身份证（三证必须齐全）进入赛场，并随机抽取机位号。选手迟到 15 min 取消竞赛资格。各队领队、指导教师及未经允许的工作人员不得进入竞赛场地。

（4）裁判组在赛前 30 min，对参赛选手的证件进行检查及进行大赛相关事项教育。参赛选手在比赛前 10 min

进入比赛工位，确认现场条件无误；比赛时间到方可开始操作。

（5）参赛选手必须严格按照设备操作规程进行操作。参赛选手不得携带通信工具和其他未经允许的资料、物品进入大赛场地，不得中途退场。如出现较严重的违规、违纪、舞弊等现象，经裁判组裁定取消大赛成绩。

（6）比赛过程中出现设备故障等问题，应提请裁判确认原因。若因非选手个人因素造成的设备故障，裁判请示裁判长同意后，可将该选手大赛时间酌情后延；若因选手个人因素造成设备故障或严重违章操作，裁判长有权决定终止比赛，直至取消比赛资格。

（7）参赛选手完成一个项目需要举手示意裁判，比赛结束比赛，应向裁判举手示意，比赛终止时间由裁判记录，参赛选手结束比赛后不得再进行任何操作。

（8）参赛选手完成比赛内容后，提请裁判到工位处检查确认并登记相关内容，选手签字确认后听从裁判指令离开赛场。裁判填写执裁报告。

（9）比赛结束，参赛选手需清理现场，并将现场设备、设施恢复到初始状态，经裁判确认后方可离开赛场。

八、竞赛环境

重庆工程职业技术学院模拟矿井内电气实训基地。比赛设备有9套，备用1套，同时提供8人比赛。赛场全封闭，比赛时除裁判和技术组成员和赛场工作人员外其他人一概不许进入。非参赛人员可以通过监控在观摩室观看比赛。

九、技术平台

比赛设备的连接如图 2 所示。

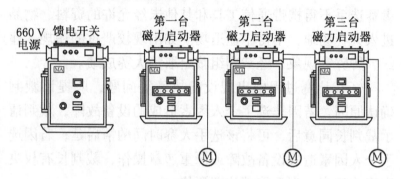

图 2　比赛设备的连接示意图

比赛设备：

（1）KBZ20 – 400 真空馈电开关。

（2）QJZ – 400 真空磁力启动器。

十、成绩评定

比赛成绩根据表 1 所列标准打分，故障检查结果必须列在表 2 中。

表 1　采掘电气维修评分标准（100 分）

项目	考核内容及标准	配分	评分方法
项目一：规范操作（15 分）	严格按照操作规程、标准作业，工作服穿戴整齐，仪表、工具配戴齐全。 1. 打开上接线箱盖或使用兆欧表摇测绝缘前检测瓦斯；手指口述瓦斯浓度 1% 以下、顶板及周围环境良好，可以操作电气设备	1	缺 1 项扣 1 分

项目	考核内容及标准	配分	评分方法
项目一：规范操作（15分）	2. 停止并闭锁磁力启动器手把	3	缺1项扣1分
	3. 停止并闭锁分路馈电开关手把	1	缺1项扣1分
	4. 在馈电开关手把上挂"有人工作，禁止合闸"警示牌	1	缺1项扣1分
	5. 正确完全的进行验电	3	缺1项扣1分
	6. 正确完全的进行放电	3	缺1项扣1分
	7. 作业过程中身体各部位无碰伤（破皮、见血）	1	伤1处扣1分
	8. 不准在隔爆面上剁电缆、放工具	2	违反一次扣2分
项目二：控制线接线工艺（20分）	1. 电缆进线嘴压紧后不晃动	1	进线嘴晃动扣1分
	2. 零件齐全，压紧嘴与密封圈之间有金属垫圈	2	金属垫圈放错扣1分，缺金属垫圈扣2分
	3. 电缆护套切割齐整伸入长度5～15 mm	2	护套长度超过15 mm一处扣0.5分，护套长度小于5 mm一处扣0.5分
	4. 密封圈外径与进线装置内径间隙≤1.5 mm，内径与电缆外径＜1 mm。选手比赛完后抽电缆检查其密封圈有无损伤，割削是否平整	2	有一处不合格扣0.5分
	5. 芯线剥削后，应对氧化层进行处理	4	一处不处理扣1分

项目	考核内容及标准	配分	评分方法
项目二：控制线接线工艺（20分）	6. 接线压接紧固、无毛刺、不压胶皮	2	有一处不符要求扣1分
	7. 控制线长度适当、布局合理，不触及相线芯线和导体	1	有一处不符要求扣1分
	8. 接线腔内清洁无异物	1	接线腔内有杂物或铜线渣等扣1分
	9. 隔爆面要涂防锈油脂	1	未涂防锈油扣1分
	10. 上盖紧固后检查隔爆间隙，间隙符合要求	4	一个箱盖未紧固扣1分，未检查间隙扣1分
项目三：故障排除（35分）	1. 系统共设置三个故障点，故障点可以设置在任一台真空磁力启动器	30	每少排除一个故障扣10分
	2. 使用正确方法排除故障，合理使用万用表	2	若用万用表，未验表扣2分
	3. 写出三个故障点的位置	3	写错或缺写一个故障扣1分
项目四：系统调试（28分）	1. 启动第一台，第二台、第三台磁力启动器，顺序延时启动，电动机运转正常	14	程序控制接线错一处扣1分
	2. 第一台磁力启动器停止，后两台磁力启动器也停止运行	14	联锁运行时，第三台不启动，扣4分；第二、第三台不启动扣8分；全不启动扣12分，未停止扣2分

表 1（续）

项目	考核内容及标准	配分	评分方法
项目五：文明作业（2分）	开关接线工作完毕后清理工作区域	2	不清理扣 2 分，清理不彻底扣 1 分

注：操作时间 50 min，提前 1 min 加 1 分；不足 1 min 不加分。

表 2　磁力启动器故障明细表

参赛工位号		
项　目	内　　容	备注
故障位置及现象	1.	
	2.	
	3.	

十一、奖项设定

竞赛设参赛选手个人奖，一等奖占比 10% ，二等奖占比 20% ，三等奖占比 30% 。设团体总成绩一等奖、二等奖、三等奖。

获得一等奖的参赛选手的指导教师由组委会颁发优秀指导教师证书。

十二、赛项安全

（1）各参赛队必须为参赛选手购买人身意外伤害保险，并进行安全教育，并自备必要的个人安全防护装备（如绝缘鞋等）。

（2）选手在进行比赛时达到规定时间后，不管完成与否，必须立即停止。

（3）比赛过程中，选手必须遵守操作规程，按照规定操作顺序进行比赛，正确使用仪器仪表。不得野蛮操作，不得损坏仪器、仪表、设备，否则，一经发现立即责令其退出比赛。

（4）搞好自主保安，比赛中选手不得出现自身伤害事故，凡出现自身伤害者从其总分中扣除20分。另外：每提前1 min完成所有项目加1分，最多加5分。

（5）项目开赛前应提醒选手注意操作安全，对于选手的违规操作或有可能引发人身伤害、设备损坏等事故的操作，应及时制止，保证竞赛安全、顺利进行。

十三、竞赛须知

（一）参赛队须知

（1）使用学校或其他组织、团队名称。

（2）竞赛采用团队比赛形式，每个参赛队必须参加所有专项的比赛，不接受跨省组队报名。

（3）参赛选手为高职院校在籍学生，性别不限。

（4）参赛队选手在报名获得确认后，原则上不再更换。允许选手缺席比赛。

（5）参赛队在各竞赛专项工作区域的赛位轮次和工位采用抽签的方式确定。

（6）参赛队所有人员在竞赛期间未经组委会批准，不得接受任何与竞赛内容相关的采访，不得将竞赛的相关情况及资料私自公开。

（二）指导教师须知

（1）指导教师务必带好有效身份证件，在活动过程中佩戴指导教师证参加竞赛及相关活动；竞赛过程中，指导教师非经允许不得进入竞赛场地。

（2）妥善管理本队人员的日常生活及安全，遵守并执行大赛组委会的各项规定和安排。

（3）严格遵守赛场的规章制度，服从裁判，文明竞赛，持证进入赛场允许进入的区域。

（4）熟悉场地时，指导老师仅限于口头讲解，不得操作任何仪器设备，不得现场书写任何资料。

（5）在比赛期间要严格遵守比赛规则，不得私自接触裁判人员。

（6）团结、友爱、互助协作，树立良好的赛风，确保大赛顺利进行。

（三）参赛选手须知

（1）选手必须遵守竞赛规则，文明竞赛，服从裁判，否则取消参赛资格。

（2）参赛选手按大赛组委会规定时间到达指定地点，凭参赛证、学生证和身份证（三证必须齐全）进入赛场，并随机进行抽签，确定比赛顺序。选手迟到 15 min 取消竞赛资格。

（3）裁判组在赛前 30 min，对参赛选手的证件进行检查及进行大赛相关事项教育。

（4）比赛过程中，选手必须遵守操作规程，按照规定操作顺序进行比赛，正确使用仪器仪表。不得野蛮操作，不得损坏仪器、仪表、设备，一经发现立即责令其退出比赛。

（5）参赛选手不得携带通信工具和相关资料、物品进入大赛场地，不得中途退场。如出现较严重的违规、违纪、舞弊等现象，经裁判组裁定取消大赛成绩。

（6）现场实操过程中出现设备故障等问题，应提请裁判确认原因。若因非选手个人因素造成的设备故障，经请示裁判长同意后，可将该选手比赛时间酌情后延；若因选手个人因素造成设备故障或严重违章操作，裁判长有权决定终止比赛，直至取消比赛资格。

（7）参赛选手若提前结束比赛，应向裁判举手示意，比赛终止时间由裁判记录；比赛时间终止时，参赛选手不得再进行任何操作。

（8）参赛选手完成比赛项目后，提请裁判检查确认并登记相关内容，选手签字确认。

（9）比赛结束，参赛选手需清理现场，并将现场仪器设备恢复到初始状态，经裁判确认后方可离开赛场。

（四）工作人员须知

（1）工作人员必须遵守赛场规则，统一着装，服从主委会统一安排，否则取消工作人员资格。

（2）工作人员按大赛组委会规定时间到达指定地点，凭工作证、进入赛场。

（3）工作人员认真履行职责，不得私自离开工作岗位。做好引导、解释、接待、维持赛场秩序等服务工作。

十四、申诉与仲裁

本赛项在比赛过程中若出现有失公正或有关人员违规

等现象，代表队领队可在比赛结束后 2 h 之内向仲裁组提出申诉。大赛采取两级仲裁机制。赛项设仲裁工作组，赛区设仲裁委员会。大赛执委会办公室选派人员参加赛区仲裁委员会工作。赛项仲裁工作组在接到申诉后的 2 h 内组织复议，并及时反馈复议结果。申诉方对复议结果仍有异议，可由代表队领队向赛区仲裁委员会提出申诉。赛区仲裁委员会的仲裁结果为最终结果。

十五、竞赛观摩

本赛项对外公开，需要观摩的单位和个人可以向组委会申请，同意后进入指定的观摩区进行观摩，为了不影响选手比赛观摩区采用电视直播方式观摩，应遵守观摩区纪律要求不得喧哗，听从工作人员指挥和安排等。

十六、竞赛直播

安排专业摄制组进行拍摄和录制，及时进行报道，包括赛项的比赛过程、开闭幕式等。通过摄录像，记录竞赛全过程，通过电视进行全程实况转播到观摩区。同时制作优秀选手采访、优秀指导教师采访、裁判专家点评和企业人士采访视频资料。

十七、资源转化

竞赛场地和设备作为今后模拟矿井中采掘电气实训基地的重要资源，拍摄的视频资料充分突出赛项的技能，为今后教学提供全面的信息资料。

矿山测量技术赛项规程

一、赛项名称

赛项名称：矿山测量技术

英语翻译：Mine Surveying Technology

赛项组别：高职组

赛项归属产业：资源开发与测绘

二、竞赛目的

促进矿山测量、工程测量专业高等职业教育发展，加强技术技能型人才培养，调动广大学生参与学习理论知识和实践实训的积极性，提升矿山测量、工程测量专业教学水平，努力达到毕业生与生产企业的零距离对接，为企业提供技术技能复合型人才。本赛项旨在帮助企业培养即用型人才，减少企业对人才再培训的成本，使企业运营更加高效。同时本赛将对于引领职业院校的专业教学改革，促进"双师型"教师队伍建设，促进实训基地建设，促进"工学结合、校企合作"的办学模式及人才培养模式的创新发挥重要作用。

三、竞赛内容与时间

1. 比赛内容（90 min）

本赛项内容包含外业观测和内业计算两个方面。外业观测内容是，在井下完成 15 秒级导线测量（含三角高程测量）；内业计算内容是，在地面完成导线计算和贯通要素计算。

外业观测和内业计算分段计时，各队所用总时间为两部分时间之和。竞赛总时间为 90 min，超时即终止比赛。

1）外业观测

图 1 所示为贯通测量线路示意图。外业观测从井口附近的已知点 A1 – A2 出发，沿井下巷道经 A3、A4、A5 测量 15 秒级导线至水平运输巷的 A6 点。

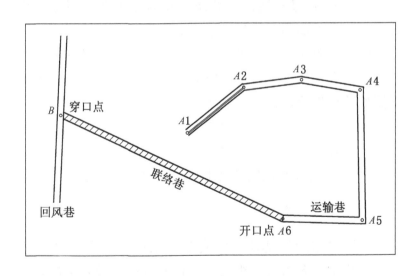

图 1　贯通测量示意图

2）内业计算

根据起始点 A2 点的坐标、高程以及 A1 – A2 边的坐标方位角，计算 A3、A4、A5、A6 各待定点的 X 坐标、Y 坐标、测点高、底板高。

本贯通为单向贯通，贯通巷道为一联络巷。各队用裁判给定的待贯通点 B 点（穿口点）的 X 坐标、Y 坐标、底板高，以及 A6 点（开口点）的 X 坐标、Y 坐标、底板高和 A5 – A6 边的坐标方位角，计算联络巷贯通的相关要素（不考虑巷道断面对贯通距离的影响）。计算内容包括：A6 点至 B 点的贯通平距、高差、坐标方位角、贯通斜距、贯通巷道倾角、指向角 $\beta_{A5-A6-B}$。

2. 竞赛要求

（1）15 秒级导线测量要求：观测水平角、斜距、垂直角、丈量仪器高、觇标高、全巷高。

（2）导线测量可以采用三联脚架法，也可不采用。

（3）待贯通点 B 点的坐标和高程（底板高）由裁判根据抽签结果给定，不须实测。

（4）各队最终提交的成果有：外业观测的原始记录、导线计算表、贯通要素计算表。

（5）凡超过规定的竞赛时间，立即终止竞赛。

四、比赛方式

竞赛采用团体赛制，每支参赛队由 4 名参赛选手组成，并指定一名组长。组长负责任务领取、带领组员研讨设计实操和计算具体方案、分配工作任务，与组员一起完成外业观测和内业计算任务。每队成绩以成果质量、操作时间情况等由裁判员公正公平地评定。本次比赛不设理论测试。每个参赛院校报 1～2 个参赛队，1 名领队、1～2

名指导教师参加比赛。

各队参赛的出场顺序和路线均由裁判组现场组织抽签决定。参赛选手均需携带身份证和参赛证，接受裁判组的随时检查。

五、竞赛流程

具体的竞赛日期，由竞赛组委会统一安排，除开幕式和闭幕式外，矿山测量技术赛项竞赛在 2 天之内进行完毕。各队抽签，分成 A、B、C 三个大组，每组比赛时间见表1。

表1　比赛时间安排表

组　别	第1天上午	第1天下午	第2天上午
A 组	比赛	休息	休息
B 组	休息	比赛	休息
C 组	休息	休息	比赛

六、竞赛试题

（一）任务描述

从主井已知点出发，按井下 15 秒级导线测量的要求，测量 1 条支导线（含三角高程）。支导线按照观测、记录、计算、司尺的岗位全组轮流各岗位作业。依据导线和三角高程测量成果计算和填写贯通要素计算表。

（二）工作要求

（1）比赛赛场设更衣室，更衣室提供矿服、矿灯、矿帽、皮带等，下井比赛前每个选手按统一要求穿戴整齐方可比赛。

（2）路线的起始点及待定点由组委会事先确定，各参赛队赛前现场抽签确定起始点及待定点。

（3）竞赛时每队只能使用三个脚架，可以不用三联脚架法施测，但所有点位对中都必须使用脚架，不得采用其他对中装置。点下对中时（测点在顶板），采用垂球对中，大赛组委会可统一为各参赛队提供点下对中时须用的对中器。测点在底板时，采用光学对中。

（4）记录必须用组委会统一提供的记录手簿；外业观测须符合本规程规定的限差要求。

（5）小组成员轮流完成导线的全部观测。测量员、记录员、前后视4人必须轮换，每人至少观测1站、记录1站。

（6）手簿中不填写参赛队及观测者、记录者和前后视姓名，只填写检录号和参赛队员编号；成果资料内部任何位置不得填写与竞赛测量数据无关的符号及信息。

（7）搬站过程中仪器无需装箱，但全部观测完成后仪器必须装箱。

（8）转站时棱镜可以不装箱。测量过程中仪器必须始终有人看守，岗位轮换选手可以短暂离开脚架，但最多不得超过2 min。

（9）整个竞赛过程，选手不得携带仪器设备（包括脚架和棱镜）跑步。

（10）外业观测和内业计算之间连续计时；计时结束时，须提交全部观测记录和计算成果，并将仪器脚架收好。

（11）现场计算出导线点的坐标和高程，计算表格由组委会统一提供，不允许使用非赛会指定的计算器。

（三）技术要求

（1）距离测量时，温度及气压等气象改正由仪器自动设置，观测者可不记录气象数据也不必在仪器中设置。

（2）仪器的操作应符合要求，记录和计算应符合规范要求。

（3）导线测量用铅笔记录计算，内容应记录完整，记录的数字与文字清晰，整洁，不潦草；不得转抄；不得涂改、就字改字；不得连环涂改；不得用橡皮擦，刀片刮。

（4）角度记录手簿中秒值读记错误应重新观测，度、分读记错误可在现场更正，但同一方向盘左、盘右不得同时更改相关数字，即不得连环涂改。

（5）距离测量的厘米和毫米读记错误应重新观测，分米（含）以上数的读记错误可现场划改更正。

（6）观测记录的错误数字与文字应单横线正规划去，在其上方写上正确的数字与文字，并在备考栏注明原因："测错"或"记错"，计算错误不必注明原因。超限成果应当正规划去，超限重测的应在备考栏注明"超限"。

（7）导线角度测量按测回法观测，应按规定安置度盘：第一测回，大于或等于 $0°00'00''$；第二测回，大于或等于 $90°00'00''$。

（8）测站超限应重测，重测必须变换起始度盘 $10'$ 以上，可以重测第一测回，也可以重测第二测回。错误成果应当正规划去。

（9）仪器高和觇标高应在观测开始前和结束后用钢尺各量一次。两次丈量的互差不得大于 4 mm，取其平均值作为实测结果。

（10）角度测量、距离测量和三角高程测量应符合表2～表4中规定的限差要求。

（11）观测、记录和计算取位要求见表5，其中角度、长度计算均应符合"奇进偶舍"的规则。

（12）平差计算表可以用橡皮擦，但必须保持整洁，字迹清晰，不得划改。

表2　水平角观测作业精度要求

导线类别	使用仪器	观测方法	对中次数	测回数	同一测回中半测回互差*	两测回间互差*
15″	DJ$_2$	测回法	1	2	20″	12″

注：根据比赛场地实际情况，带 * 指标在表格所列限差值上增加1倍。

表3　光电测距作业精度要求

导线类别	采用仪器等级	总测回数	一测回最大互差/mm	单程测回间最大互差/mm
15″	Ⅱ	2	10	15

注：测回的含义是照准棱镜1次，读数4次。

表4　垂直角观测作业精度要求

导线类别	观测方法	测回数	垂直角互差*	指标差互差*
15″	单向观测（中丝法）	2	15″	15″

注：根据比赛场地实际情况，带 * 指标在表格所列限差值上增加1倍。

表5 观测、记录和计算取位要求

导线类别	边长/mm	角度	坐标增量和坐标/m
15″	1	1″	0.001

（四）应提交的成果

（1）外业观测记录表（一份），见表6。

（2）内业观测记录表（一份），见表7。

（3）贯通要素计算表（一份），见表8。

七、竞赛规则

（1）选手必须遵守竞赛规则，文明竞赛，服从裁判，否则取消参赛资格。

（2）高职组参赛选手须为高等学校全日制在籍学生，本科院校中高职类全日制在籍学生，五年制高职四、五年级学生。高职组参赛选手年龄须不超过25周岁（当年），即1992年5月1日后出生，凡在往届全国煤炭职业院校技能大赛中获一等奖的选手，不能再参加同一项目同一组别的比赛。

（3）参赛选手按大赛组委会规定时间到达指定地点，凭参赛证、学生证和身份证（三证必须齐全）进入赛场，并随机抽取机位号。选手迟到15 min取消竞赛资格。各队领队、指导教师及未经允许的工作人员不得进入竞赛场地。

（4）裁判组在赛前30 min，对参赛选手的证件进行检查及进行大赛相关事项教育。参赛选手在比赛前20 min进入比赛工位，确认现场条件无误；比赛时间到方可开始操作。

表 6　导线外业观测记录表（样表）

参赛队检录号：　　工作地点：　　　日期：　　年　　月　　日　　第　　页　　裁判签字：

仪器站	照准点	水平度盘读数						前视垂直度盘读数				指标差/(")	前视斜距/m	距离平均值/m	仪器高/m 觇标高/m 前视点（⊥ ⊤） 全巷高/m	备注
		正镜			倒镜			镜位	°	′	″					
		°	′	″	°	′	″									
A1	A1	0	0	0	180	0	15	盘左	89	56	48		28.967		0.885	
	A3	150	18	13	330	18	25	盘右	270	3	17	2	28.967	28.967	−0.746	
	水平角	150	18	13	150	18	10	Σ	360	0	5		28.966		⊤	
	平均	150	18	12				垂直角	0	3	14		28.968		2.050	
A2	A1	90	0	0	270	0	17	盘左	89	56	46		28.966		0.884	
	A3	240	18	11	60	18	25	盘右	270	3	17	2	28.967	28.966	−0.745	
	水平角	150	18	11	150	18	8	Σ	360	0	3		28.966		⊤	
	平均	150	18	10				垂直角	0	3	16		28.967		2.050	

98

表6（续）

仪器站	测点号 照准点	水平度盘读数 正镜 °	′	″	倒镜 °	′	″	前视垂直度盘读数 镜位	°	′	″	指标差/(″)	前视斜距/m	距离平均值/m	仪器高/m 觇标高/m 前视点(上下) 全巷高/m	备注
A3	A2	0	0	0	180	0	11	盘左	91	37	19		16.471		−0.590	
	A4	176	53	12	356	53	23	盘右	268	22	39		16.471		−0.865	
	水平角	176	53	12	176	53	12	Σ	359	59	58	−1	16.47	16.471	⊤	
	平均	176	53	12				垂直角	−1	37	20		16.471		2.012	
A4	A2	90	0	0	270	0	14	盘左	91	37	23		16.472		−0.590	
	A4	266	53	15	86	53	27	盘右	268	22	38		16.471		−0.866	
	水平角	176	53	15	176	53	13	Σ	360	0	1	0	16.471	16.471	⊤	
	平均	176	53	14				垂直角	−1	37	22		16.471		2.012	

备注：每个测站只对中一次，水平角、前视垂直角、前视斜距观测两个测回，仪器高和觇标高在观测前后各量一次。

99

表7 导线内业计算表（样表）

仪器站	后视点	前视点	斜距/m	垂直角/(°′″)	仪器高/m	前视高/m	全巷高/m	高差Δh/m	平距/m	水平角/(°′″)	方位角/(°′″)	ΔX	ΔY	ΔH	X	Y	H(测点)/m	H(底板)/m	点位(上/下)	点号
A1		A2	16.471		-0.590	-0.866	2.012	-0.466	16.464	176 53 13	320 18 30	12.079	-11.188	-0.190	3134.3596	202.456	202.294		下	A2
A2	A1	A3	15.809	-1 37 21	-0.686	-0.892	2.115	0.256	15.807	268 33 05	317 11 43	11.030	11.322	0.462	3146.4386	191.268	202.104	200.092	下	A3
A3	A2	A4		0 55 40							45 44 48				3157.4688	202.590	202.566	200.451	下	A4

表 7（续）

仪器站	后视点 / 前视点	斜距/m	垂直角/(°′″)	仪器高/m 前视高/m 全巷高/m	高差 Δh/m 平距/m	水平角/(°′″)	方位角/(°′″)	坐标增量及高差/m ΔX	ΔY	ΔH	坐标及高程 X	Y	H(测点)/m H(底板)/m	点位(上⊥下⊤)	点号
A4	A3	9.808		−0.700	0.060	180 53 16	46 38 04	6.734	7.130	−1.169	3164.202	6209.720	201.397	⊥	A5
	A5		0 21 07	0.529 0.000	9.808								201.397		
A5	A4	16.447		0.477	−0.044	93 11 14	319 49 18	12.566	−10.611	1.488	3176.768	6199.109	202.885	⊤	A6
	A6		−0 09 18	−1.055 2.030	16.447								200.855		

备注：点位这一栏指的是测点位置在顶板还是底板上，用符号上、下表示。表头计算者、检查者填写参赛选手编号，不得填写姓名。

101

参赛队检录号：

裁判签字：

表 8 贯通要素计算表（样表）

日期： 年 月 日

点号	坐 标 及 高 程			水平距离/ m	坐标方位角			巷道指向角			高差/ m	巷道倾角 δ_{A6-B}			斜长/ m
	X/m	Y/m	H/m		°	′	″	°	′	″		°	′	″	
A5					319	49	18								
A6	3176.768	6199.109	200.855		278	04	35	138	15	17	14.513	8	42	41	95.822
B	3190.075	6105.332	215.368	94.716											

辅助计算区域：

（5）参赛选手不得携带通信工具和其他未经允许的资料、物品进入大赛场地。如出现较严重的违规、违纪、舞弊等现象，经裁判组裁定取消大赛成绩。

（6）比赛过程中出现仪器故障等问题，应提请裁判确认原因。若因非选手个人因素造成的仪器故障，裁判请示裁判长同意后，可将该选手大赛时间酌情后延；若因选手个人因素造成仪器损坏，裁判长有权决定终止比赛，直至取消比赛资格。

（7）参赛选手若提前结束比赛，应向裁判举手示意，比赛终止时间由裁判记录，参赛选手结束比赛后不得再进行任何操作。

（8）参赛选手完成比赛项目后，提请裁判到工位处检查确认并登记相关内容，选手签字确认后听从裁判指令离开赛场。裁判填写执裁报告。

（9）比赛结束，参赛选手需清理现场，经裁判确认后方可离开赛场。

八、竞赛环境

（1）检录及比赛准备在地面完成。

（2）比赛地点设在重庆工程职业技术学院模拟矿井井口及井下巷道中。

（3）测量仪器及工具由组委会提供，仪器厂家现场提供技术保障。

九、技术规范

（1）《煤矿测量规程》。

（2）本赛项规程。

十、技术平台

比赛仪器及工具见表9。大赛组委会在竞赛时提供矿服、矿帽、矿灯、皮带等劳保用品。

表9　比赛仪器及工具

仪器名称	规　格	数量	备　　注
全站仪	2″及以上	1	南方 NTS-342R6A 全站仪，大赛组委会统一提供，可自备同款仪器
三脚架		3	大赛组委会统一提供，可自备
棱镜		2	大赛组委会统一提供，可自备
对中垂球		3	大赛组委会统一提供活尖活线垂球，可自备
点下对中尖		2	大赛组委会统一提供（注：点下对中用），可自备
计算器		2	大赛组委会统一提供 Casio fx-82CNX 中文版计算器
钢尺		3	大赛组委会统一提供 3 m 钢卷尺
铅笔、小刀		3	大赛组委会统一提供
记录板		1	大赛组委会统一提供

十一、成绩评定

成绩评定分竞赛用时、外业观测质量和内业计算质量共三部分单独计分，其权重比例如下：观测（40%）、计算（30%）、用时（30%）。

竞赛总分按 100 分计。

（一）评分标准

1. 竞赛用时成绩评分标准

各队的作业速度得分 S_i 计算公式为

$$S_i = \left(1 - \frac{T_i - T_1}{T_n - T_1} \times 40\% \right) \times 30$$

式中　T_1——所有参赛队中用时最少的竞赛时间；

　　　T_n——所有参赛队中不超过规定最大时长的队伍中用时最多的竞赛时间；

　　　T_i——各队的实际用时。

2. 竞赛成果质量评分标准

成果质量从观测质量和计算成果等方面考虑。

1）不合格成果

不合格成果称为二类成果，合格成果称为一类成果。二类成果评奖优先级低于一类成果。只要违反下述情况之一视为二类成果：

（1）原始观测成果用橡皮擦。

（2）违反观测、记录轮换规定。

（3）水平角、竖直角未达到规定测回数。

（4）半测回互差、测回间互差、指标差互差超限。

（5）原始记录连环涂改、角度观测记录改动秒值、距离测量记录改动厘米或者毫米。

（6）手簿内部出现与测量数据无关的字体、符号等内容。

（7）参赛选手计算的各待定点坐标值、高程值与标准值之差超过 5 cm。

2）观测与记录评分标准（表10、表11）

表10　测量过程评分标准

评测内容	评分标准	扣分
携带仪器设备（脚架棱镜）跑步	警告无效，每跑1步扣1分	
观测、记录未按规定轮换	违规1次扣2分	二类
仪器设备无人看守	超过2 min扣2分	
观测手簿用橡皮擦	违规	二类
测站记录计算未完成就迁站	每出现1次扣1分	
测站现场完成划改未注明原因	违规1次扣1分	
观测记录不同步，提前记录数据	违规1次扣1分	
骑在脚架腿上观测	违规1次扣1分	
记录成果转抄	违规1次扣2分	
观测不读数或记录数据不复述	违规1次扣1分	
观测前与观测结束，仪器（棱镜）箱盖未关好	违规1次扣1分	
故意干扰别人测量	造成必须重测后果的扣10分，严重者取消资格	
仪器设备	全站仪及棱镜摔倒落地	取消资格

表 11 成果质量评分标准

评测内容		评分标准	处理
观测与记录（40分）	测站限差（18分）	每超一处扣2分，扣完为止	二类
	角度观测记录	角度改动秒值或连环涂改，每一处扣2分	二类
	距离观测记录改动厘米、毫米	违规，每超一处扣2分	二类
	手簿内部写与测量数据无关内容	违规，每超一处扣2分	二类
	记录规范性（4分）	就字改字或字迹模糊影响识读，1处扣1分，扣完为止	
	手簿缺项或计算错误（10分）	每出现1次扣1分，扣完为止	
	手簿不正确划改（2分）	非单线划线，1处扣1分，扣完为止	
	同一位置划改超过1次（4分）	违规1处扣1分，扣完为止	
	划改后不注原因或不规范（2分）	违规1处扣1分，扣完为止	
内业计算（30分）	导线成果计算（15分）	计算错误一处（除因取位引起的未超过2″或2mm数据外）或缺一项扣$1+0.5n$分，n为影响后续计算的项目数，扣完为止	
		与标准值比较超过5cm为超限，每超限1点扣2分，扣完为止	二类
	贯通要素计算（15分）	计算错误一处或缺一项扣3分，扣完为止	
合计扣分			

（二）评分方法

（1）竞赛成绩主要从参赛队的作业速度、成果质量两个方面计算，采用百分制。其中成果质量总分70分，按评分标准计算；作业速度总分30分，按各组竞赛用时计算。两项成绩相加成绩高者优先。

在两队成绩完全相同时，分别按以下顺序排名：①质量成绩高；②测站重测次数少；③划改次数少；④记录、计算成果表整洁。

（2）在规定时间内完成竞赛，且成果符合要求者按竞赛评分成绩确定名次。凡因超限或其他原因被定性为二类成果，其成果评奖优先级低于一类成果。

（3）对于竞赛过程中伪造数据者，取消该队全部竞赛资格，并报请全国煤炭职业院校技能大赛办公室通报批评。

（三）成绩评定

成绩评定根据竞赛考核内容和要求对参赛队竞赛最终成果做出评价。

（1）外业成绩由外业裁判根据各队的竞赛表现评定，由外业裁判组长审核确定。

（2）内业计算成绩由内业裁判组按照评分内容分工负责评定，裁判长审核。

（3）各队的竞赛时间成绩由成绩裁判计算，裁判长审核。

（4）各队的总成绩由成绩裁判负责汇总，总裁判长审核。

（5）成绩产生、审核和公布由裁判组、督导组和仲裁组按照大赛制度《成绩管理办法》执行。

（6）各类裁判人员按照分工各司其职，开展加密解密、现场执裁、内业评判、时间分计算、成绩汇总和公布等工作。

（四）成绩公布

最终成绩经复核无误，由裁判长、监督人员和仲裁人员签字确认后，在闭幕式前2 h张榜公布。同时，仲裁组负责接受投诉，总裁判长、副总裁判长负责接受质询。

十二、奖项设置

竞赛设参赛选手团体奖，一等奖占比10%，二等奖占比20%，三等奖占比30%。

获得一等奖的参赛选手的指导教师由组委会颁发优秀指导教师证书。

十三、赛项安全

（1）各参赛院校必须为参赛选手购买大赛期间的人身意外伤害保险。

（2）竞赛过程中，选手须严格遵守操作规程，确保人身及仪器安全。裁判员负责监督和警示。

（3）项目开赛前应提醒选手注意操作安全，对于选手的违规操作或有可能引发人身伤害、仪器损坏等事故的操作，应及时制止，保证竞赛安全、顺利进行。

十四、竞赛须知

（一）参赛队须知

（1）使用学校名称。

（2）竞赛采用团队比赛形式，每个参赛队不跨校组队报名。

（3）参赛选手为高职院校在籍学生，性别不限。

（4）参赛队选手在报名获得确认后，原则上不再更换。

（二）指导教师须知

（1）指导教师务须佩戴指导教师证参加竞赛相关活动；在学生竞赛过程中，指导教师不得进入竞赛场地。

（2）妥善管理本队人员的日常生活及安全，遵守并执行大赛组委会的各项规定和安排。

（3）严格遵守赛场的规章制度，服从裁判，文明竞赛，持证进入赛场允许进入的区域。

（4）在比赛期间要严格遵守比赛规则，不得私自接触裁判人员。

（5）团结、友爱、互助协作，树立良好的赛风，确保大赛顺利进行。

（三）参赛选手须知

（1）选手必须遵守竞赛规则，文明竞赛，服从裁判，否则取消参赛资格。

（2）参赛选手按大赛组委会规定时间到达指定地点，凭参赛证、学生证和身份证（三证必须齐全）进入赛场，并随机进行抽签，确定比赛顺序。选手迟到 15 min 取消竞赛资格。

（3）裁判组在赛前 30 min，对参赛选手的证件进行检查及进行大赛相关事项教育。

（4）比赛过程中，选手必须遵守操作规程，按照规定操作顺序进行比赛，正确使用仪器仪表。不得野蛮操作，不得损坏仪器设备，否则，一经发现立即责令其退出比赛。

（5）参赛选手不得携带通信工具和相关资料、物品进入大赛场地。如出现较严重的违规、违纪、舞弊等现象，经裁判组裁定取消大赛成绩。

（6）各参赛队对自己携带或借用的测量仪器工具的可靠性负责，不得以此为由要求重赛或延长比赛时间。

（7）参赛选手若提前结束比赛，应向裁判举手示意，比赛终止时间由裁判记录；比赛时间终止时，参赛选手不得再进行任何操作。

（8）参赛选手完成比赛项目后，提请裁判检查确认并登记相关内容，选手签字确认。

（9）比赛结束，参赛选手需清理现场，并将现场仪器设备恢复到初始状态，经裁判确认后方可离开赛场。

（四）工作人员须知

（1）工作人员必须遵守赛场规则，统一着装，服从主委会统一安排，否则取消工作人员资格。

（2）工作人员按大赛组委会规定时间到达指定地点，凭工作证、进入赛场。

（3）工作人员认真履行职责，不得私自离开工作岗位，做好引导、解释、接待、维持赛场秩序等服务工作。

十五、申诉与仲裁

本赛项在比赛过程中若出现有失公正或有关人员违规等现象，代表队领队可在比赛结束后 2 h 之内向仲裁组提出申诉。大赛采取两级仲裁机制。赛项设仲裁工作组，赛区设仲裁委员会。大赛执委会办公室选派人员参加赛区仲裁委员会工作。赛项仲裁工作组在接到申诉后的 2 h 内组织复议，并及时反馈复议结果。申诉方对复议结果仍有异议，可由领队向赛区仲裁委员会提出申诉。赛区仲裁委员会的仲裁结果为最终结果。

十六、竞赛观摩

本赛项对外公开，需要观摩的单位和个人可以向组委会申请，同意后进入指定的观摩区进行观摩，但不得影响选手比赛，在赛场中不得随意走动，应遵守赛场纪律，听从工作人员指挥和安排等。

十七、竞赛视频

安排专业摄制组进行拍摄和录制，及时进行报道，包括赛项的比赛过程、开闭幕式等。通过摄录像，记录竞赛全过程。同时制作优秀选手采访、优秀指导教师采访、裁判专家点评和企业人士采访视频资料。

十八、资源转化

竞赛场地和仪器作为今后矿山测量实训基地的重要资源，拍摄的视频资料充分突出赛项的技能，为今后教学提供全面的信息资料。

煤矿事故应急救援技术赛项规程

一、赛项名称

赛项名称：煤矿事故应急救援技术

英语翻译：Coal Mine Accident Emergency Rescue Techno

赛项组别：高职组

赛项归属产业：煤炭行业

二、竞赛目的

为促进煤炭行业职业院校学生实际操作技能水平，提升煤炭行业职业教育教学能力，调动广大学生参与实践训练的积极性，促进煤炭职业院校整体教学水平的提升，为煤矿输送合格的安全技术技能型人才。

通过竞赛，进一步推进涉煤院校、涉煤专业工学结合人才培养，促进校企合作，实现专业与产业对接、课程内容与职业标准对接、教学过程与生产过程对接，培养适应煤炭行业技术发展需要的高素质技术技能型人才，拓展和提高煤炭类职业教育的社会认可度；使比赛真正成为涉煤类院校高职教育改革和人才培养成果展示的平台，成为职业院校与煤炭企业合作交流的平台，成为煤炭类职业教育教学效果检验的平台，成为涉煤类高职院校学生学业发展的平台。

三、竞赛内容与时间

竞赛内容设置成 3 个模块、6 个项目（竞赛时间 53 min，转场 7 min，总分 100 分）。

（一）应急救援装备使用（时间 9 min，22 分）

项目一　压缩氧自救器的正确使用

（1）自救器用途及佩戴流程发。

（2）使用注意事项。

（3）自救器佩戴操作。

项目二　正压式氧气呼吸器的使用

（1）氧气呼吸器佩戴操作。

（2）战前检查。

（3）终止使用。

（二）作业现场应急处置（时间 30 min，38 分）

项目一　火灾应急处置

（1）准备工作。

（2）风向判断。

（3）灭火操作。

（4）灭火后续工作。

项目二　局部瓦斯排放

（1）瓦斯检查。

（2）瓦斯监测与控风。

（3）巷道瓦斯排放。

（4）巷道风量测量。

（三）现场急救（时间 14 min，40 分）

项目一　徒手心肺复苏

（1）确认现场安全。

（2）靠近伤员判断意识。

（3）呼救。

（4）判断颈动脉。

（5）胸外按压。

（6）人工呼吸。

（7）整理。

项目二　止血包扎、骨折固定及伤员搬运

（1）操作前准备。

（2）伤员止血要点及操作。

（3）创伤包扎。

（4）骨折固定。

（5）伤员搬运。

四、竞赛方式

竞赛为团队项目，每个院校不可超过 2 个参赛队，每支参赛队由 3 名参赛选手组成，从 3 名队员中确定 1 名小队长。竞赛采用手指口述和实际操作相结合的方式进行，由裁判员现场评分。

五、竞赛流程

竞赛流程如图 1 所示。

六、竞赛试题

本赛项采用公开赛题方式。

（1）自救器使用。

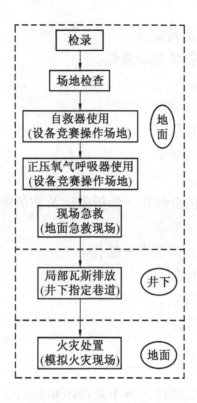

图 1　竞赛流程图

（2）氧气呼吸器使用。

（3）火灾处置。

（4）局部瓦斯排放。

（5）现场急救。

竞赛具体内容见评分标准。

七、竞赛规则

（1）参赛选手必须是高职高专院校全日制在籍学生，

参赛选手按照大赛组委会规定时间到达指定地点，凭参赛证和身份证进入场地，并随机抽取竞赛序号。迟到 15 min 取消竞赛资格。各队领队、指导教师及非经允许的工作人员不得进入竞赛场地。

（2）裁判组在赛前 30 min，对参赛队伍的证件进行检查及进行大赛相关事项教育。参赛队伍在比赛前 20 min 进入场地，确认现场条件无误；比赛时间到方可开始操作。

（3）参赛选手必须严格按照设备操作规程进行操作。

（4）参赛选手不得携带通信工具和其他未经过允许的资料、物品进入大赛场地，不得中途退场。如果出现较为严重的违纪、违规、舞弊现象，经裁判组裁定取消大赛成绩。

（5）比赛过程中出现设备故障等问题，应提请裁判确认原因。若因非选手个人因素造成的设备故障，裁判请示裁判长同意后，可将该参赛队的时间酌情后延；若因参赛队个人原因造成的较重人身伤害、设备故障或严重违章操作，裁判长有权决定终止比赛，直至取消资格。

（6）参赛选手若提前结束比赛，应向裁判举手示意，比赛终止时间由裁判记录，参赛选手结束比赛后不得再进行任何操作。

（7）参赛队伍完成比赛后，请裁判现场确认并登记后按照裁判指令离开现场，裁判填写执裁报告。

（8）本次比赛，竞赛选手的指导教师和裁判不能由同一人担任。

（9）比赛结束，参赛选手需要清理现场，并将现场仪器、设备、设施恢复到初始状态，经裁判确认后方可离开赛场。

八、竞赛环境

（1）每个分项竞赛场地不小于 16 m²。

（2）设备操作设置在地面操作室，火灾处置为一空旷地方。

（3）除比赛用设备外，设有备用设备。

九、技术规范

（1）《矿山救护规程》（AQ 1008—2007）。

（2）《煤矿安全规程》（2016 年版）。

（3）《矿山救护队质量标准化考核规范》（AQ 1009—2007）。

十、技术平台

（一）比赛使用设备

竞赛选用煤矿常用的设施及设备，比赛前各仪器设备经具有资质的专业机构检校合格；比赛中由专业人员负责对仪器设备进行维护；各参赛队领用仪器时，需对仪器进行复查，如有问题，及时换发仪器设备或换工位。

具体比赛设备及工具见表 1。

表 1　比赛设备及工具一览表

序号	装 备 名 称	型 号	用 途
1	正压氧气呼吸器	HYZ4	仪器操作
2	压缩氧自救器	ZYX－45	仪器操作

序号	装 备 名 称	型 号	用 途
3	光学瓦斯检查仪	CJG－10	局部排放瓦斯
4	手提式干粉灭火器	4 kg	火灾处置
5	煤油		火灾处置
6	便携式甲烷检测报警仪	JCB4	局部瓦斯排放
7	瓦斯标气		局部瓦斯排放
8	矿用机械风表	CFJ5	局部瓦斯排放
9	秒表		比赛计时
10	局部通风机（小功率）	2×11 kW	局部瓦斯排放
11	风筒	直径 600 mm	局部瓦斯排放
12	变径风筒接头		局部瓦斯排放
13	铁丝		局部瓦斯排放
14	手钳		局部瓦斯排放
15	对讲机		局部瓦斯排放
16	模拟人	CPR400	现场救援
17	医疗急救箱	绷带、止血带、固定夹板等	现场急救
18	担架	92.5 cm×50 cm×10 cm（折叠尺寸）	现场救援

（二）技术平台

考虑到比赛与实际工作的区别，赛场分为井上操作和模拟矿井井下操作，比赛场地包含煤矿主要运输巷道和掘进工作面等。

十一、成绩评定

本竞赛评分标准本着"公平、公正、公开、科学、规范"的原则进行制订，注重考核选手的职业综合能力、团队的协作与组织能力和技术应用能力。

（一）评分方法

（1）技能操作竞赛由裁判员依据选手现场实际操作规范程度、操作质量、文明操作情况和操作结果，按照技能操作规范评分细则及评分标准对每个项目单独评分后得出成绩。

（2）竞赛名次按成绩高低排定，总成绩相同者，以实际操作技能成绩高者为先，实际操作技能成绩相同时，按竞赛完成时间短者为先。

（3）在竞赛过程中，有作弊行为者，将取消其参赛项目的得分，并在其所在参赛队总分中扣除10分。

（二）竞赛规则

具体规则见附件1。

十二、奖项设定

竞赛设团体一、二、三等奖和优秀奖，一等奖占参赛队伍的10%，二等奖占参赛队伍的20%，三等奖占参赛队伍的30%，其余获团体优秀奖。

获得一等奖的参赛队伍的指导教师由组委会颁发优秀指导教师证书。

十三、赛项安全

为快速有效地处置竞赛期间各类突发事件，保障广大师生及与会领导人员生命财产安全，确保本赛项比赛的正常有序进行，制订如下安全保障措施。

（一）组织机构及分工

本赛项依据 2017 年行业赛安全管理各项规定实施比赛，明确本赛项组委会主任是安全第一责任人。具体分工按本赛区组委会要求进行。

（二）本赛项安全管理

（1）井下不可随意触摸电气设备。

（2）井下比赛，应听从赛项组委会工作人员安排在规定区域活动，不进入与本赛项比赛无关的场所。

（3）井下行走时不可奔跑，时刻注意周围环境。

（4）通过狭窄、拥挤或人流量较大的地段，应排队有序通过。

（5）参加竞赛人员应听从指挥，按规定进入比赛场地，认真备赛，竞赛完毕立即退场，不得在场内逗留围观。

（6）赛项工作人员和裁判应负责本场地的竞赛师生安全，赛前指导选手做好准备工作，裁判在赛前向选手们讲清比赛中应注意的安全注意事项。

（三）紧急事件应对措施及要求

（1）参赛院校师生及组委会工作人员应按照方案要求坚守岗位，各司其职，听从组委会统一指挥，严禁单独行动。

（2）发生紧急情况，应保持镇定，原地待命，切勿惊慌失措，造成混乱，避免发生踩踏事故。负责本区域的安保人员应做好稳定工作、随机应变。

（3）竞赛现场工作人员应迅速组织竞赛选手有序撤离至安全地点。

（4）保卫人员应立即实施营救并将情况迅速上报相关部门，及时请有关部门协助、救助。

（5）事件发生后，应积极救灾，严禁擅离职守、先行撤离。

（6）若有竞赛选手发生意外事故，校医应立即赶到现场进行救助，如果事故严重可由大赛医务组人员陪同就医，并通知带队老师。

十四、竞赛须知

（一）参赛队须知

（1）使用学校或其他组织、团队名称。

（2）竞赛采用团队比赛形式，参赛队成员由煤炭类或安全类相关专业在校学生组成，不接受跨省、跨校组队报名。

（3）参赛选手为高职院校在籍学生，性别不限。

（4）参赛队选手在报名获得确认后，原则上不再更换，允许选手缺席比赛。

（5）参赛队在各竞赛专项工作区域的赛位轮次采用抽签的方式确定。

（6）赛队所有人员在竞赛期间未经组委会批准，不得接受任何与竞赛内容相关的采访，不得将竞赛的相关情况及资料私自公开。

（7）往届参加过行赛的选手不能再次参加比赛。

（二）指导教师须知

（1）指导教师务必带好有效身份证件，在活动过程中佩戴指导教师证参加竞赛及相关活动；竞赛过程中，指导教师未经允许不得进入竞赛场地。

（2）妥善管理本队人员的日常生活及安全，遵守并执行大赛组委会的各项规定和安排。

（3）严格遵守赛场的规章制度，服从裁判，文明竞赛，持证进入赛场允许进入的区域。

（4）熟悉场地时，指导老师仅限于口头讲解，不得操作任何仪器设备，不得现场书写任何资料。

（5）在比赛期间要严格遵守比赛规则，不得私自接触裁判人员。

（6）团结、友爱、互助协作，树立良好的赛风，确保大赛顺利进行。

（三）参赛选手须知

（1）选手必须遵守竞赛规则，文明竞赛，服从裁判，否则取消参赛资格。

（2）参赛选手按大赛组委会规定时间到达指定地点，凭参赛证和身份证进入赛场，并随机进行抽签，确定比赛顺序。选手迟到 15 min 取消竞赛资格。

（3）比赛过程中，选手必须遵守操作规程，按照规定操作顺序进行比赛，正确使用仪器仪表。不得野蛮操作，不得损坏仪器、仪表、设备，一经发现立即责令其退出比赛。

（4）参赛选手不得携带通信工具和相关资料、物品进入大赛场地，不得中途退场。如出现较严重的违规、违纪、舞弊等现象，经裁判组裁定取消大赛成绩。

（5）现场实操过程中出现设备故障等问题，应提请裁判确认原因。若因非选手个人因素造成的设备故障，经请示裁判长同意后，可将该选手比赛时间酌情后延；若因选手个人因素造成设备故障或严重违章操作，裁判长有权决定终止比赛，直至取消比赛资格。

（6）参赛选手若提前结束比赛，应向裁判举手示意，比赛终止时间由裁判记录；比赛时间终止时，参赛选手不得再进行任何操作。

（7）参赛选手完成比赛项目后，提请裁判检查确认并登记相关内容，选手签字确认。

（8）比赛结束，参赛选手须清理现场，并将现场仪器设备恢复到初始状态，经裁判确认后方可离开赛场。

（四）工作人员须知

（1）工作人员必须遵守赛场规则，统一着装，服从组委会统一安排，否则取消工作人员资格。

（2）工作人员按大赛组委会规定时间到达指定地点，凭工作证、进入赛场。

（3）工作人员认真履行职责，不得私自离开工作岗位。做好引导、解释、接待、维持赛场秩序等服务工作。

十五、申诉与仲裁

本赛项在比赛过程中若出现有失公正或有关人员违规等现象，代表队领队可在比赛结束后 2 h 之内向仲裁组提出申诉。大赛采取两级仲裁机制，赛项设仲裁工作组，赛区设仲裁委员会。大赛执委会办公室选派人员参加赛区仲裁委员会工作。赛项仲裁工作组在接到申诉后的 2 h 内组织复议，并及时反馈复议结果。申诉方对复议结果仍有异议，可由领队向赛区仲裁委员会提出申诉。赛区仲裁委员会的仲裁结果为最终结果。

十六、竞赛观摩

本赛项对外公开，需要观摩的单位和个人可以向组委会申请，同意后进入指定的观摩区进行观摩，但不得影响选手比赛，在赛场中不得随意走动，应遵守赛场纪律，听从工作人员指挥和安排等。

十七、竞赛视频

安排专业摄制组进行拍摄和录制，及时进行报道，包括赛项的比赛过程、开闭幕式等。通过拍摄录像，记录竞赛全过程，与重庆电视台、大渝网等媒体合作，进行全程实况转播。同时制作优秀选手采访、优秀指导教师采访、裁判专家点评和企业人士采访视频资料。

十八、资源转化

充分利用职业技能大赛的展示交流平台，整理编辑竞赛成果，经过加工与开发，转化为教学资源，服务教学，成果共享。

（一）出版赛项成果资料

将比赛内容、比赛流程、技术纲要、评分标准等文字性资料编辑为《煤矿事故应急救援技术实训任务书与指导书》并公开出版。比赛录像资料经过编辑处理，成为用于教学的典型视频案例。

（二）建设课程教学网络平台

建设《煤矿事故应急救援技术》教学资源库，建设赛项试题库、案例库、工具库、资料库、网络资源库及虚拟实训室，对全国煤炭类高职院校开放，分享教学优质资源。

（三）专业知识展示资料转化

比赛中涉及的专业知识，如行业新技术、新知识、新成果等，整理汇编成册，形成《煤矿事故应急救援技术知识汇编》1套。

（四）开发教学项目和任务教学

将比赛设计的竞赛项目引入教学，作为项目教学与任务教学案例，用于教学改革。

煤矿事故应急救援（高职组）
竞 赛 规 则

一、赛前准备

（1）参赛队由3人组成。参赛人员应在靠近肩膀的衣袖上佩戴号码牌，队长是1号，队员是2号和3号。

（2）竞赛场地和参赛队需要的设备均由举办方提供。

（3）参赛队按抽签顺序提前做好准备，在指定地点待命，准时参加检录和竞赛。

二、应急救援准备

（1）参赛队按时到指定地点检录后，到指定地点待命。

（2）竞赛流程为：应急救援装备—现场急救—局部瓦斯排放—火灾应急处置，参赛队员按照流程进行竞赛。

（3）裁判领取评分表，做好评分准备。

三、应急救援规定及评分办法

（一）时间规定

（1）总竞赛时间：60 min，其中手指口述和技术操作共53 min，转场时间共7 min。

（2）要求各比赛项目在规定时间内完成，超时每1 min 扣1分，扣完为止。

（3）各比赛项目内操作内容的时间要求严格按附件1评分标准执行。

（4）竞赛过程中，发生非参赛队责任问题时，应停止计时，处理完毕后，继续计时。

（二）评分办法

本赛项总分为100分，模块一22分，模块二38分，模块三40分。

四、应急救援竞赛规则

（一）应急救援装备使用（22分）

项目一　压缩氧自救器使用

1. 考试方式

手指口述、操作。

2. 配分标准

8分。

3. 考试时间

3 min。

4. 操作规范

1）自救器用途及佩戴流程

（1）用途：ZYX45 隔绝式压缩氧气自救器主要用于煤矿井下作业人员在发生瓦斯突出、火灾爆炸等灾害事故时以及救护人员在呼吸器发生故障时迅速撤离灾区使用。

（2）佩戴流程：

① 将自救器移到前面。

② 扳开挂钩取下上盖，展开气囊。

③ 取下口具塞，把口具放入唇齿之间，咬住牙垫紧闭嘴唇。

④ 打开气瓶开关，然后按动补气压板，气囊迅速鼓起。

⑤ 将鼻夹弹簧拉开，用鼻夹垫夹住鼻子，用口呼吸，迅速撤离灾区。

2）使用注意事项

（1）在使用过程中要养成经常观察压力表的习惯，以掌握耗氧情况及撤离灾区的时间。

（2）不要无故开启、磕碰及坐压自救器。

（3）使用时保持沉着，在呼气和吸气时都要慢而深（即深呼吸）。

（4）使用中应特别注意防止利器刺伤、划伤气囊。

（5）在未达到安全地点时不要摘下自救器。

（6）在高温下使用自救器应遵守有关规定。

（7）本自救器有效使用期3年。

（8）氧气瓶属于特种设备，使用超过3年应按规定进行检测。

3）自救器佩戴操作

3个人按照上面佩戴流程同时操作，操作前需要请示裁判计时开始。备注：3个人同时单独进行考核，每人1个裁判，以3个人的平均分作为团队总分。

项目二　正压氧气呼吸器的使用

1. 考试方式

手指口述、操作。

2. 配分标准

14 分。

3. 考试时间

6 min。

4. 操作规范

1）氧气呼吸器佩戴操作

按照氧气呼吸器佩戴过程进行佩戴操作：3 名参赛选手分别将放置在地上的氧气呼吸器双手举起，氧气呼吸器主体从头后滑入腰间，将腰带和胸带拴紧，两臂穿入背带中，迅速连接并佩戴面罩，打开氧气瓶，收紧系带。操作前须请示裁判计时开始。

2）战前检查（队长发布命令，并说出检查要点，队员按照命令操作）

（1）队长喊口号进行集合，队员迅速站好队，队长面向队员。

（2）检查外壳：双手触摸外壳确保外壳完整。

（3）检查呼吸两阀灵活性：嘴含三通，短促呼吸能听到呼吸阀的开启声音证明是完好的。

（4）检查呼气阀：捏住吸气软管，含三通吸气吸不动即为正常。

（5）检查吸气阀：捏住呼气软管，含三通吹气，吹不动即为正常。

（6）检查整机气密：吸气吸到吸不动，然后舌头堵住三通，舌头有向里面压的感觉。

（7）检查整机排气：使劲吹气直到排气阀打开，有排气的声音。

（8）连接并佩戴面罩：将面罩与呼吸器进行连接，戴入头部。

（9）收紧面罩系带，检查面罩气密性：用力握紧呼吸软管，随后轻轻地吸气，确认面罩被吸附于面部后停止吸气。保持该状态 5 s 后，左右上下晃动头部，确认能否保持吸附状态。

（10）打开氧气瓶：有进气的声音。

（11）检查自动补气：深吸气听到自动补气的声音。

（12）检查手动补气：按按钮，听补气声音。

（13）观看压力表。

（14）检查附件：哨子等。

（15）氧气呼吸器互检：主要互检氧气呼吸器外壳、面罩密闭情况、氧气瓶压力、哨子、肩带、胸带和腰带等是否完好。

（16）队长询问氧气呼吸器情况，队员回答良好；队长报告氧气压力，队员依次报告氧气压力。

3）终止使用

（1）将气瓶开关的手柄沿着顺时针方向旋转到底，关闭气瓶。

（2）松开面罩的固定绑带，取下面罩。

（3）松开腰部绑带和胸部绑带，卸下呼吸器本体。

（4）将呼吸器上外壳向下放置。

口令和要点均由队长下达，队员和队长一块操作。

（二）作业现场应急处置（38 分）

项目一　火灾处置

1. 考试方式

手指口述、操作。

2. 配分标准

8分。

3. 考试时间

5 min。

4. 操作规范

1）准备工作

（1）根据火情选择合适的灭火器。

（2）手指口述检查灭火器压力、铅封、出厂合格证、有效期、瓶体、喷管。

2）风向判断

灭火队员准确判断风流方向。

3）灭火操作

（1）站在火源上风口。

（2）距离火源3～5 m迅速拉下安全环，拉下安全环前需要请示裁判计时开始。

（3）手握住喷嘴对准着火点，压下手柄，侧身对准火源根部由近及远扫射灭火。

（4）迅速熄灭火源。

4）灭火后续工作

将使用过的灭火器放到指定位置，注明已使用并向裁判报告灭火情况。

项目二　局部瓦斯排放

1. 考试方式

手指口述、实际操作。

2. 配分标准

30 分。

3. 考试时间

25 min。

4. 操作规范

1) 瓦斯检查

（1） 光学瓦斯检测仪：

① 外观检查、药品检查、气路系统检查、电路系统检查。

② 清洗气室。

③ 调零。

（2） 便携式瓦斯检测仪：

① 外观检查。

② 仪器调零。

（3） 在掘进巷道口进行瓦斯检查。

手指口述瓦斯检测地点、吸气口位置、捏吸气球次数、读整数、读小数。

（4） 局部巷道排瓦斯过程：

① 两人进入巷道检查瓦斯。

② 检查过程由两人交替进行。

③ 使用便携式瓦斯检测报警仪。

（5） 标气测定：

① 在标识处进行瓦斯检测实际操作。

② 抽取气样。

③ 读取整数。

④ 读取小数。

⑤ 向裁判汇报测定结果。

2）瓦斯监测与控风

（1）便携式瓦检仪吊挂：

① 便携式瓦检仪的安装位置距回风口不大于 5 m。

② 便携式瓦检仪的悬挂位置距顶板不大于 200 mm，距巷道帮不小于 300 mm，且位于巷道回风侧。

（2）瓦斯监测与控风：

① 队长派 1 名队员监测回风流瓦斯浓度。

② 瓦斯浓度过小可以示意控风人员收紧风筒，增加进入掘进巷道的风量。瓦斯浓度接近 1.5% 要通知控风人员松开风筒，减少进入掘进头的风量。控风可采用绳子扎结三通，通过松紧度来实现。

③ 整个过程禁止采用一风吹。

3）巷道瓦斯排放

（1）风机启动：启动风机前要测风机 20 m 范围内瓦斯浓度，只有瓦斯浓度在 0.5% 以下方可人工启动（口述）。

（2）使用便携式瓦斯检测报警仪。

（3）风筒使用双反边连接，风筒双反边连接时示意裁判开始计时。

（4）巷道内瓦斯排放完后，风筒吊挂，要求逢环必挂、吊挂平直。

4）巷道风量测定

（1）正确选择测风位置。

（2）正确采用侧身路线法测风。

（3）根据给定的风表特性曲线和巷道断面积计算巷

道风量。

（三）现场急救（40分）

项目一　徒手心肺复苏

1. 考试方式

手指口述、操作。

2. 配分标准

20分。

3. 考试时间

6 min。

4. 操作规范

1）确认现场安全

四周张望，确认现场安全。

2）靠近伤员判断意识

轻拍患者肩部，大声呼叫伤员，耳朵贴近伤员嘴巴。

3）呼救

环顾四周呼喊求救，队长派一名队员向调度室打电话（模拟打电话），解衣松带、摆正体位。

4）判断颈动脉、判断呼吸

手法正确（单侧触摸，时间不少于5 s且不大于10 s），判断时用余光观察胸廓起伏，判断后报告无脉搏、无呼吸。

5）胸外按压定位

胸骨柄与两个乳头的交点，一手掌根部放于按压部位，另一手掌平行重叠于该手手背上，手指并拢，以掌根部接触按压部位，双臂位于伤员胸骨正上方，双肘关节伸直，利用上身重量垂直下压。

6）胸外按压

按压前口述按压开始，按压频率为每分钟 100～120 次，按压幅度为胸腔下陷 5～6 cm（每循环按压 30 次，时间 15～18 s）。

7）畅通气道

清理口腔，摆正头型。

8）打开气道

使用压额提颌法，确保下颌与耳朵的连线与地面垂直。

9）吹气

吹气时看到胸廓起伏，吹气完毕后立即离开口部，松开鼻腔，视伤员胸廓下降后，再吹气。

10）吹气按压连续 5 个循环

连接仪器，打开考核模式，进行按压、吹气连续操作。按照机器提示 2 min 完成 5 个循环。

11）整理

安置患者：整理服装，摆好体位。

12）协作

3 个人要进行分工协作，队长主要口述指挥，队员协同操作。

项目二　止血包扎、骨折固定及伤员搬运

1. 考试方式

手指口述、操作。

2. 配分标准

20 分。

3. 考试时间

8 min。

4. 操作规范

1）操作前准备

（1）向伤者表明身份。

（2）安慰伤者，告知伤者不能随意活动，告知伤者配合检查。

（3）检查伤者头部、面部、胸部及四肢。

（4）报告伤情。

（5）根据需要选择所需物品。

2）伤员止血要点及操作

（1）上臂止血带止血要求：

① 止血位置。

② 止血带不能直接与皮肤接触。

③ 松紧度判断。

④ 止血时间规定。

⑤ 标记：止血部位和时间。

⑥ 止血带解除条件。

（2）止血操作：

① 队长向裁判报告止血可以开始，之后裁判宣布止血开始计时，计时前止血人员手中不能接触止血物品。

② 3名队员按照上述要点进行止血操作，完成后举手示意。

3）创伤包扎

（1）包扎前伤口处理：

对包扎部位进行消毒；对包扎部位使用棉垫或纱布垫敷。

（2）螺旋反折包扎：

① 举手示意裁判包扎开始，准备计时。

② 先将绷带缠绕患者受伤肢体处两圈固定，然后由下而上包扎肢体，每缠绕一圈折返一次。

③ 折返时按住绷带上面正中央，用另一只手将绷带向下折返，再向后绕并拉紧。

④ 每绕一圈时，遮盖前一圈绷带的2/3，露出1/3。

⑤ 绷带折返处应尽量避开患者伤口。

⑥ 包扎要求覆盖整个前臂。

⑦ 包扎结束后末端使用胶布固定。

4）骨折固定（小腿骨折）

（1）骨折固定前要示意裁判计时开始。

（2）用两块木板加垫后，放在小腿的内侧和外侧。

（3）用5条布带首先固定小腿骨折的上下两端、大腿中部、膝关节。

（4）踝关节使用"8"字形固定。

5）伤员搬运

（1）对前面止血、包扎、骨折固定伤员进行搬运：3名救护者站在伤员未受伤的一侧，分别在肩、臀和膝部。同时单膝跪在地上，分别抱住伤员的头、颈、肩、后背、臀部、膝部及踝部。救护者同时站立，抬起伤员，齐步前进，以保持伤员躯干不被扭转或弯曲。

（2）伤员脚在前，头在后。抬起时先抬头后抬脚，放下时先放脚，后放头。步调一致、平稳前进。

五、项目评分表

附表1　压缩氧自救器的正确使用（考试时间：3 min）

项目	操作内容	操作标准		标准分	评分标准	得分
压缩氧自救器的正确使用	1.自救器用途及佩戴流程	用途	ZYX45 隔绝式压缩氧气自救器主要用于煤矿井下作业人员在发生瓦斯突出、火灾爆炸等灾害事故时以及救护人员在呼吸器发生故障时迅速撤离灾区使用（口述）	1	口述错误扣1分	
		佩戴流程	1. 将自救器移到前面 2. 扳开挂钩取下上盖，展开气囊 3. 取下口具塞，把口具放入唇齿之间，咬住牙垫紧闭嘴唇 4. 打开气瓶开关，然后按动补气压板，气囊迅速鼓起 5. 将鼻夹弹簧拉开，用鼻夹垫夹住鼻子，用口呼吸，迅速撤离灾区（口述）	2	口述错误每项扣0.5分	
	2.使用注意事项		1. 在使用过程中要养成经常观察压力表的习惯，以掌握耗氧情况及撤离灾区的时间 2. 不要无故开启、磕碰及坐压自救器 3. 使用时保持沉着，在呼气和吸气时都要慢而深（即深呼吸） 4. 使用中应特别注意防止利器刺伤、划伤气囊 5. 在未达到安全地点时不要摘下自救器 6. 在高温下使用自救器应遵守有关规定 7. 本自救器有效使用期3年 8. 氧气瓶属于特种设备，使用超过3年应按规定进行检测（口述）	2	没有口述或口述错误每项内容扣0.5分	

附表1（续）

项目	操作内容	操 作 标 准	标准分	评分标准	得分
压缩氧自救器的正确使用	3.自救器佩戴操作	3个人按照上面佩戴流程同时操作，操作前需要请示裁判计时开始	3	1. 每个佩戴步骤缺少或操作错误扣1分 2. 时间不能超过30 s，每超2 s扣1分，不足2 s按照2 s扣分。扣完本项为止	
合　　计			8		

注：3个人同时单独进行考核，每人1个裁判，以3个人的平均分作为团队总分。

附表2　正压式氧气呼吸器的使用（考试时间：6 min）

项目	操作内容	操 作 标 准	标准分	评分标准	得分
正压式氧气呼吸器的使用	1.佩戴操作	按照氧气呼吸器佩戴过程进行佩戴操作：3名参赛选手分别将放置在地上的氧气呼吸器双手举起，氧气呼吸器主体从头后滑入腰间，将腰带和胸带拴紧，两臂穿入背带中，迅速连接并佩戴面罩，打开氧气瓶，收紧系带。操作前需要请示裁判计时开始	3	1. 佩戴不正确每个小步骤错误扣1分 2. 顺序错误扣1分 3. 时间超过25 s，每超2 s扣1分，不足2 s按照2 s扣分	

附表 2（续）

项目	操作内容		操作标准	标准分	评分标准	得分
正压式氧气呼吸器的使用	2.战前检查	集合	1. 队长喊口号进行集合 2. 队员迅速站好队 3. 队长面向队员	1	1. 未喊口号集合扣 0.5 分 2. 队员未按指令站好扣 0.5 分 3. 队长未面向队员站好扣 0.5 分	
		检查内容及要点	1. 检查外壳：双手触摸外壳确保外壳完整 2. 检查呼吸两阀灵活性：嘴含三通，短促呼吸能听到呼吸阀的开启声音证明是完好的 3. 检查呼气阀：捏住吸气软管，含三通吸气，吸不动即为正常 4. 检查吸气阀：捏住呼气软管，含三通吹气，吹不动即为正常 5. 检查整机气密：吸气吸到吸不动，然后舌头堵住三通，舌头有向里面压的感觉 6. 检查整机排气：使劲吹气直到排气阀打开，有排气的声音 7. 连接并佩戴面罩：将面罩与呼吸器进行连接，戴入头部 8. 打开氧气瓶：有进气的声音	5	口令、检查要点或操作缺失及错误每项扣 0.5 分	

附表2（续）

项目	操作内容	操作标准		标准分	评分标准	得分
正压式氧气呼吸器的使用	2. 战前检查	检查内容及要点	9. 收紧面罩系带，检查面罩气密性：用力握紧呼吸软管，随后轻轻地吸气，确认面罩被吸附于面部后停止吸气。保持该状态 5 s 后，左右上下晃动头部，确认能否保持吸附状态 10. 检查自动补气：深吸气听到自动补气的声音 11. 检查手动补气：按补气按钮，听补气声音 12. 观看压力表 13. 检查附件：哨子等（检查口令和要点均由队长下达，队员和队长一块操作）	5	口令、检查要点或操作缺失及错误每项扣0.5分	
			14. 氧气呼吸器互检：主要互检氧气呼吸器外壳、面罩密闭情况、氧气瓶压力、哨子、肩带、胸带和腰带等是否完好	2	1. 队长未发互检口令扣1分 2. 互检方式错误扣0.5分 3. 互检内容不全扣0.5分	
			1. 队长询问氧气呼吸器情况 2. 队员回答良好 3. 队长报告氧气压力，队员依次报告氧气压力	1	1. 队长没有询问氧气呼吸器情况扣0.5分 2. 队员没有回答队长询问扣0.5分 3. 队长和队员没有报告氧气压力，每次扣0.5分	

142

附表2（续）

项目	操作内容	操作标准	标准分	评分标准	得分
正压式氧气呼吸器的使用	3.终止使用	1. 将气瓶开关的手柄沿着顺时针方向旋转到底，关闭气瓶 2. 松开面罩的固定绑带，取下面罩 3. 松开腰部绑带和胸部绑带，卸下呼吸器本体 4. 请将呼吸器上外壳向下放置	2	1. 终止使用内容手指口述错误每小项扣0.5分 2. 顺序错误扣1分	
合　计			14		

注：氧气呼吸器佩戴操作，3个人同时操作，每人1名裁判，以3个人的平均分作为团队总分；战前检查和终止使用内容的口令和要点均由队长下达，队员和队长一块操作完成，由3名裁判同时打分，取平均分作为团队最终成绩。

附表3　火灾处置（考试时间：5 min）

项目	操作内容	操作标准	标准分	评分标准	得分
火灾处置	1.准备工作	1. 根据火情选择合适的灭火器 2. 手指口述检查灭火器压力、铅封、出厂合格证、有效期、瓶体、喷管	2	1. 灭火器选择错误扣1分（如果选择错误则后续灭火操作不得分） 2. 没有检查灭火器扣1分 3. 压力、铅封、瓶体、喷管、有效期、出厂合格证漏检或检查错误一项扣0.5分	
	2.风向判断	灭火队员准确判断风流方向	1	风向判断错误扣1分	

143

附表 3（续）

项目	操作内容	操作标准	标准分	评分标准	得分
火灾处置	3. 灭火操作	1. 站在火源上风口 2. 距离火源 3~5 m 迅速拉下安全环，拉下安全环前需要请示裁判计时开始 3. 手握住喷嘴对准着火点，压下手柄，侧身对准火源根部由近及远扫射灭火 4. 迅速熄灭火火源	4	1. 未站在火源上风口扣 0.5 分 2. 灭火距离错误扣 0.5 分 3. 未拉下安全环扣 2 分 4. 未侧身对准火源根部扫射扣 1 分 5. 未由近及远灭火扣 1 分 6. 火没有熄灭就停止操作扣 5 分 7. 从拉下安全环裁判开始计时直至火源熄灭超过 5 s，每超 1 s 扣 1 分，不足 1 s 按照 1 s 扣分	
	4. 灭火后续工作	将使用过的灭火器放到指定位置，注明已使用并向裁判报告灭火情况	1	1. 未放到指定位置扣 0.5 分 2. 未注明已经使用扣 0.5 分 3. 未报告灭火情况扣 0.5 分	
合　计			8		

注：灭火操作 3 个人同时进行，每人 1 名裁判，以 3 个人的平均分作为团队总分。

144

附表 4　局部瓦斯排放（考试时间：25 min）

项目	操作内容	操作标准		标准分	评分标准	得分
局部瓦斯排放	1. 瓦斯检查	仪器准备	光学瓦斯检测仪准备	1. 外观检查、药品检查、气路系统、电路系统 2. 清洗气室（井下新鲜风流） 3. 调零	2	1. 领取仪器时进行外观检查、药品、气路系统、电路系统检查，每漏一项扣 0.5 分 2. 没有或未在正确地点清洗瓦斯气室扣 0.5 分 3. 未进行微读调零或调零错误的扣 0.5 分 4. 未进行光干涉条纹调零或调零错误的扣 0.5 分 5. 调零顺序错误扣 0.5 分	
			便携式瓦斯检测仪	1. 外观检查 2. 仪器调零	2	1. 没有进行外观检查扣 1 分 2. 没有进行仪器调零扣 1 分	
		局部瓦斯排放前瓦斯检查	掘进巷道口瓦斯检查	手指口述瓦斯检测地点、吸气口位置、捏吸气球次数、读整数、读小数	1	手指口述错误一处扣 0.5 分	
			局巷瓦斯排放过程	1. 两人进入巷道检查瓦斯 2. 检查过程由两人交替进行 3. 使用便携式瓦斯检测报警仪	2	1. 进入巷道人员少于两人扣 0.5 分 2. 检查过程没有两人交替进行扣 1 分 3. 没有使用便携式瓦斯检测报警仪扣 1 分	

附表4（续）

项目	操作内容	操作标准	标准分	评分标准	得分
局部瓦斯排放	1.瓦斯检查	局部瓦斯排放前瓦斯检查		1.没有在标识处进行瓦斯检测实际操作扣2分	
		1.在标识处进行瓦斯检测实际操作 2.抽取气样 3.读取整数 4.读取小数 5.向裁判汇报测定结果	5	2.抽取气样时换气次数少于5次扣1分 3.不进行整数读取或读错扣1分 4.不进行小数读取或读错扣1分 5.测定结果超出标准值每超0.1%扣1分 6.没有口述测3次取值扣1分	
	2.瓦斯监测与控风	便携式瓦检仪吊挂			
		1.便携瓦检仪的安装位置距回风口不大于5 m 2.便携瓦检仪的悬挂位置距顶板不大于200 mm，距巷道帮不小于300 mm，且位于巷道回风侧	1	1.按照位置距风口超过规定值扣0.5分 2.悬挂位置错误扣0.5分	
		风流监控			
		1.队长派1名队员监测回风流瓦斯浓度 2.瓦斯浓度过小可以示意控风人员收紧风筒，增加进入掘进巷道的风量。瓦斯浓度接近1.5%要通知控风人员松开风筒，减少进入掘进头的风量。控风可采用绳子扎结三通，通过松紧度来实现 3.整个过程禁止采用一风吹	4	1.没有队员监测回风流瓦斯浓度扣2分 2.瓦斯监控人员在需要通知控风人员控风时未发出通知或发出错误通知每次扣1分 3.控风人员接到控风信息后没有采取措施或措施错误每次扣1分 4.整个过程排放采用一风吹没有控风措施扣4分	

146

附表 4（续）

项目	操作内容	操作标准		标准分	评分标准	得分
局部瓦斯排放	3.巷道瓦斯排放	启动风机	1. 启动风机前测风机20 m 范围内瓦斯浓度，只有瓦斯浓度在 0.5%以下，方可人工启动风机（口述） 2. 使用便携式瓦斯检测报警仪	2	1. 没有检测瓦斯直接启动风机扣 2 分 2. 没有使用便携式瓦斯检测报警仪扣 1 分	
		1. 风筒使用双反边连接 2. 风筒双反边连接时示意裁判开始计时		5	1. 没有进行风筒连接扣 5 分 2. 裁判宣布接风筒开始时，队员接触风筒扣 0.5 分 3. 风筒未使用双反边连接或连接错误扣 2 分 4. 风筒连接扭曲扣 1 分 5. 风筒双反边连接超过 30 s 每超 2 s 扣 1 分，不足 2 s 按照 2 s 扣分	
		巷道内瓦斯排放完后，风筒吊挂，要求逢环必挂、吊挂平直		1	1. 瓦斯排放结束后没有吊挂风筒扣 1 分 2. 吊挂不符合要求的每处扣 0.5 分	

项目	操作内容	操 作 标 准	标准分	评 分 标 准	得分
局部瓦斯排放	4. 巷道风量测定	1. 正确选择测风位置 2. 正确采用侧身路线法测风 3. 根据给定的风表特性曲线和巷道断面计算巷道风量	5	1. 未测风扣 5 分 2. 测风时间未控制为 60 s 每次扣 2 分 3. 无计算过程扣 2 分 4. 计算结果错误或小数点后没有保留 2 位小数扣 1 分 5. 3 次测风之间的最大最小值误差超过 5%，每超出 1% 扣 1 分，不足 1% 按照 1% 扣分 6. 没有计算风量或风量计算错误的扣 1 分	
合　　计			30		

注：本项目评分采用方法是：1 名裁判负责 1 名选手扣分，最后把 3 名选手总扣分相加得到该项总扣分，最后得出团队总分。

附表 5　心肺复苏操作（考试时间：6 min）

项目	操作内容	操 作 标 准	标准分	评 分 标 准	得分
徒手心肺复苏操作	1. 确认现场安全	四周张望，确认现场安全	1	1. 没有确认现场安全扣 0.5 分 2. 没有做示意动作扣 0.5 分	
	2. 靠近伤员判断意识	拍患者肩部，大声呼叫伤员，耳朵贴近伤员嘴巴	1	1. 没有拍肩扣 0.5 分，没有呼叫扣 0.5 分 2. 没有将耳朵贴近伤员嘴巴扣 0.5 分	

148

附表 5（续）

项目	操作内容	操作标准	标准分	评分标准	得分
徒手心肺复苏操作	3. 呼救	呼喊求救，队长派一名队员向调度室打电话，队员模拟向调度室打电话求救，另一名队员对伤员解衣松带、摆正体位	1	1. 不呼救扣 0.5 分 2. 没有人向调度室打电话扣 0.5 分 3. 没摆正体位或摆正错误扣 0.5 分	
	4. 判断颈动脉、判断呼吸	手法正确（单侧触摸，时间不少于 5 s 且不大于 10 s），判断时用余光观察胸廓起伏，判断后报告无脉搏、无呼吸	2	1. 不能找到甲状软骨扣 0.5 分 2. 触摸位置不正确扣 0.5 分 3. 大于 10 s 扣 0.5 分 4. 小于 5 s 扣 0.5 分 5. 未观察胸廓起伏扣 0.5 分 6. 未报告判断结果扣 0.5	
	5. 胸外按压定位	按压位置是胸骨柄与两个乳头的交线，一手掌根部放于按压部位，另一手掌平行重叠于该手背上，手指并拢，以掌根部接触按压部位，双臂位于伤员胸骨正上方，双肘关节伸直，利用上身重量垂直下压	2	1. 位置不正确扣 0.5 分 2. 不能一次定位扣 0.5 分 3. 定位方法不正确扣 0.5 分 4. 双手重叠不正确扣 0.5 分 5. 双臂不垂直于伤员胸骨正上方扣 0.5 分 6. 没有利用身体重量垂直下压扣 0.5 分	

149

项目	操作内容	操作标准	标准分	评分标准	得分
徒手心肺复苏操作	6. 胸外按压（仪器完成）	按压前口述按压开始，按压频率每分钟100~120次，按压幅度为胸腔下陷5~6 cm（每循环按压30次，时间15~18 s）	3	1. 按压前没有口头示意扣0.5分 2. 按压节律明显不均匀一次扣1分 3. 系统提示按压位置错误、按压不足或过大一次扣0.5分，最多扣2分 4. 30次按压小于15 s或大于18 s扣1分（按压时，裁判用秒表控制时间，按压30下停止计时） 5. 按压超过或少于30下，每两下扣0.5分，不足两下按照两下扣分	
	7. 畅通气道	清理口腔，摆正头型	1	1. 没有清理口腔扣0.5分 2. 头偏向一侧扣0.5分	
	8. 打开气道	使用压额提颌法，确保下颌与耳朵的连线与地面垂直	1	1. 开放气道方法不正确扣0.5分 2. 过度后仰或后仰程度不够扣0.5分	
	9. 吹气	吹气时看到胸廓起伏，吹气完毕后立即离开口部，松开鼻腔，视伤员胸廓下降后，再吹气	1	1. 吹气时未捏鼻子扣0.5分 2. 两次吹气间不松开鼻子扣0.5分 3. 不看胸廓起伏扣0.5分	

附表 5（续）

项目	操作内容	操作标准	标准分	评分标准	得分
徒手心肺复苏操作	10. 吹气按压连续 5 个循环	连接仪器，打开考核模式，进行按压、吹气连续操作。按照机器提示 2 min 完成 5 个循环	5	1. 系统提示未能抢救成功扣 3 分 2. 掌根不重叠扣 0.5 分 3. 每次按压手掌离开胸膛扣 0.5 分 4. 按压时身体不垂直扣 0.5 分 5. 按压系统记录错误一次扣 0.5 分，最多扣 2 分 6. 吹气系统提示错误一次扣 0.5 分，最多扣 1 分 7. 每 30 次按压时间超出 15~18 s 扣 1 分，（按压时，裁判用秒表控制时间，按压 30 下停止）	
	11. 整理	安置患者：整理服装，摆好体位	1	一项不符合扣 0.5 分	
	12. 分工协作	3 个人要进行分工协作，队长主要口述指挥，队员协同操作	1	没有进行分工协作或协作混乱扣 1 分	
合　　计			20		

注：队长主要进行指挥命令，另外两名队员配合操作。胸外按压时，选手要示意按压操作，提醒裁判进行按压计时，按压次数和计时记录由专职裁判进行，结果交裁判长汇总。

151

附表6　止血包扎骨折固定伤员搬运（考试时间：8 min）

项目	操作内容		操作标准	标准分	评分标准	得分
止血包扎、骨折固定、伤员搬运	1. 操作前准备		1. 向伤者表明身份 2. 安慰伤者，告知伤者不能随意活动、配合检查 3. 检查伤者头部、面部、胸部及四肢 4. 报告伤情 5. 根据需要选择所需物品	2	1. 没有向伤者表明身份扣0.5分 2. 没有安慰伤者并告知伤员配合检查扣0.5分 3. 检查每缺一项扣0.5分 4. 伤情报告不全每少一处扣0.5分 5. 选择错误或漏选一项扣0.5分	
	2. 伤员止血要点及操作	上臂止血带止血要求	1. 止血位置 2. 止血带不能直接与皮肤接触 3. 松紧度判断 4. 止血时间规定 5. 标记内容 6. 止血带解除条件	2	口述错误一项扣0.5分	
		止血操作	1. 队长向裁判报告止血可以开始，之后裁判宣布止血开始计时，计时前止血人员手中不能接触止血物品 2. 3名队员按照上述要点进行止血操作，完成后举手示意	2	1. 裁判宣布止血开始时，队员手中有止血相关物品扣0.5分 2. 止血带扎结位置错误扣0.5分 3. 止血带扎结方法错误扣0.5分 4. 止血部位未使用纱布环形缠绕扣1分 5. 扎结后止血带与皮肤有接触扣0.5分 6. 扎结时间为25 s，超出后每1 s扣0.5分，不足1 s按照1 s扣分	

152

项目	操作内容	操 作 标 准	标准分	评 分 标 准	得分
止血包扎、骨折固定、伤员搬运	3.创伤包扎	包扎前伤口处理	1. 对包扎部位进行消毒 2. 对包扎部位使用棉垫或纱布垫敷	1	1. 未对包扎部位进行消毒扣0.5分 2. 包扎部位未垫棉垫或纱布扣0.5分	
		小臂出血螺旋反折包扎法	1. 举手示意裁判包扎开始，准备计时 2. 先将绷带缠绕患者受伤肢体处两圈固定，然后由下而上包扎肢体，每缠绕一圈折返一次 3. 折返时按住绷带上面正中央，用另一只手将绷带向下折返，再向后绕并拉紧 4. 每绕一圈时，遮盖前一圈绷带的2/3，露出1/3 5. 绷带折返处应尽量避开患者伤口 6. 包扎要求覆盖整个前臂 7. 包扎结束后末端使用胶布固定 8. 3名队员相互协作	4	1. 裁判宣布包扎开始时，队员手中有包扎相关物品扣0.5分 2. 螺旋反折包扎开始时未做两周环形包扎扣0.5分 3. 螺旋反折包扎反折后未盖住前周2/3，每次扣0.5分 4. 螺旋反折包扎反折未能整齐排列成一直线，扣0.5分 5. 螺旋反折包扎反折点选取错误，每次扣0.5分 6. 包扎未能覆盖整个前臂扣1分 7. 包扎结束后末端没有使用胶布固定扣0.5分 8. 超过1 min，每多2 s扣0.5分，不足2 s按照2 s扣分	

附表6（续）

项目	操作内容	操 作 标 准	标准分	评 分 标 准	得分
止血包扎、骨折固定、伤员搬运	4.骨折固定 小腿骨折	1. 骨折固定前要示意裁判计时开始 2. 用两块木板加垫后，放在小腿的内侧和外侧 3. 用5条布带首先固定小腿骨折的上下两端、大腿中部、膝关节 4. 踝关节使用"8"字形固定	4	1. 裁判宣布骨折固定开始时，队员手中有骨折固定相关物品扣0.5分 2. 使用夹板数不足或多于2块，扣0.5分 3. 夹板没有绑垫层，扣1分 4. 布带扎结位置不符合要求（扎节点位于一侧，连成一条线）。每少或错一处扣0.5分 5. 踝关节没有使用"8"字形包扎扣1分 6. 骨折固定时间50 s，超过时间，每超2 s扣0.5分，不足2 s按照2 s扣分	
	5.伤员搬运 搬运此前经过止血、包扎、骨折固定的伤员	1. 3名救护者站在伤员未受伤的一侧，分别在肩、臀和膝部 2. 单膝跪在地上，分别抱住伤员的头、颈、肩、后背、臀部、膝部及踝部，救护者同时站立 3. 抬起伤员，步调一致，以保持伤员躯干不被扭转或弯曲	2	1. 3人站位错误扣1分 2. 抬伤员时手接触伤员位置错误每处扣0.5分 3. 抬起伤员时步调不一致扣0.5分	

附表6（续）

项目	操作内容	操作标准	标准分	评分标准	得分
止血包扎、骨折固定、伤员搬运	5. 伤员搬运	搬运此前经过止血、包扎、骨折固定的伤员	1. 伤员脚在前，头在后 2. 抬起时先抬头后抬脚 3. 放下时先放脚，后放头 4. 步调一致、平稳前进	2	1. 伤员头脚放反扣0.5分 2. 抬起时没有先抬头后抬脚扣0.5分 3. 放下时头脚顺序错误扣0.5分 4. 行走中步调紊乱扣0.5分	
	现场急救顺序	按照止血包扎、骨折固定、伤员搬运依次进行	1	顺序错误扣1分	
合　　计			20		

附表7　胸外按压记录表

比赛队伍名称：

判断无脉搏后第一次胸外按压30下用时：＿＿＿＿＿＿s
5个循环：
1. 第一次胸外按压30下用时：＿＿＿＿＿＿s
2. 第二次胸外按压30下用时：＿＿＿＿＿＿s
3. 第三次胸外按压30下用时：＿＿＿＿＿＿s
4. 第四次胸外按压30下用时：＿＿＿＿＿＿s
5. 第五次胸外按压30下用时：＿＿＿＿＿＿s
超过15~18 s次数：＿＿＿＿＿＿

比赛队伍名称：_____

1. 风表校正曲线：_____
2. 第一次表风速：_____ m/s；真风速：_____ m/s
3. 第二次表风速：_____ m/s；真风速：_____ m/s
4. 第三次表风速：_____ m/s；真风速：_____ m/s
5. 最大风真风速值：_____ m/s；最小真风速值：_____ m/s
6. 测风处巷道面积：_____ m^2
7. 风量计算：_____ m^3/s

注：除特殊说明外，整个比赛中所有配分内容，均以该项分值扣完为止。心肺复苏需要专职裁判进行按压次数计数和计时，止血包扎、骨折固定和伤员搬运采用真人模拟，凡是需要人工计时的每个小项，在开始前，参赛人员需要提前请示裁判是否可以开始，在裁判下达开始命令后方可进行有关操作，否则该项操作无效，需重新进行，出现两次以上，该项不得分。裁判采用定点打分法。

全国煤炭职业院校技能大赛竞赛指南（2017）

中职组

煤矿综采电气维修赛项规程

一、赛项名称

赛项名称：煤矿综采电气维修

英语翻译：Coal Electrical Maintenance of Fully Mechanized Mining

赛项组别：中职组

赛项归属产业：煤炭行业

二、竞赛目的

为适应新形势下煤炭行业的发展，促进煤炭行业职业院校学生实际操作技能水平，提升煤炭行业职业教育能力，调动广大学生参与实践训练的积极性，促进煤炭职业院校整体教学水平的提升，为煤矿输送合格的安全技术技能型人才。

通过竞赛，进一步推进全国煤炭行业资源环境类相关专业工学结合人才培养，促进校企合作，实现专业与产业对接、课程内容与职业标准对接、教学过程与生产过程对接，培养适应煤炭行业技术发展所需要的高素质技能型专门人才，拓展和提高职业教育的社会认可度；展示高职教育改革和人才培养的成果，激发学生学习兴趣，促进职业院校之间相关专业人才培养改革成果交流。

三、竞赛内容与时间

竞赛分两部分（总时间 45 min、总分 100 分）。

（一）远方控制接线、排查故障（85 分）

（1）完成时间：45 min。

（2）按照竞赛要求连接控制线，四组组合开关可实现远方控制，并按竞赛评分标准进行考核［4 根线接 2 根（L1、L2）］。开关中共设置 3 处故障，选手按规则进行排除。PLC 程序已经设定，无须修改，排除故障后按要求运行设备。

（二）安全文明操作（15 分）

安全文明操作在操作过程中进行考核，不单独命题。

四、竞赛方式

（一）参赛方式

竞赛为个人项目，竞赛内容由每名选手各自独立完成，每队限报 3 名选手。可派 1 名领队、1~2 名指导教师参加比赛，不邀请境外代表队参加。

（二）评分方式

竞赛采用现场操作由裁判员现场评分。

（三）竞赛流程

竞赛流程如图 1 所示。

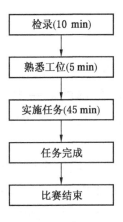

图 1　竞赛流程图

五、竞赛试题

（1）参赛选手按图纸要求（届时将提供接线图纸）将多芯控制电缆接入 QJZ－630/1140－4 开关的控制线压线端子，远方控制箱中每一组控制按钮可控制开关相应回路启动和停止。

（2）在开关给定程序情况下，开关内设置故障（故障题目预先从已备的竞赛故障库中按难易程度随机抽取，共 3 个等级，每个等级各一个故障），选手查找并排除故障，恢复开关功能，实现远方控制箱单独启动和本地键盘联机启动操作四回路开关启动和停止（注：开关内部模块不设故障点）。

（3）开关每个需要打开的盖板、面板均只在对角位置各设置一个螺钉，其余位置不考核。

（4）该竞赛内容考核选手所有开关部位的完好和防爆性能（除规定外）。

六、竞赛规则

（1）中职组参赛选手须为高等学校全日制在籍学生，五年制高职学生报名参赛的，一至三年级（含三年级）学生参加中职组比赛，四、五年级学生参加高职组比赛。中职组参赛选手年龄须不超过21周岁（当年），即1996年5月1日后出生，凡在往届全国煤炭职业院校技能大赛中获一等奖的选手，不能再参加同一项目同一组别的比赛。

（2）参赛选手按大赛组委会规定时间到达指定地点，凭参赛证、学生证和身份证（三证必须齐全）进入赛场，并随机抽取工位号。选手迟到15 min取消竞赛资格。各队领队、教练及非经允许的工作人员不得进入竞赛场地。

（3）裁判组在赛前30 min，对参赛选手的证件进行检查及进行大赛相关事项教育。参赛选手在比赛前20 min进入比赛工位，确认现场条件无误；比赛时间到方可开始操作。

（4）参赛选手必须严格按照设备操作规程进行操作。

（5）参赛选手不得携带通信工具和其他未经允许的资料、物品进入大赛场地，不得中途退场。如出现较严重的违规、违纪、舞弊等现象，经裁判组裁定取消大赛成绩。

（6）比赛过程中出现设备故障等问题，应提请裁判确认原因。若因非选手个人因素造成的设备故障，裁判请示裁判长同意后，可将该选手大赛时间酌情后延；若因选手个人因素造成设备故障或严重违章操作，裁判长有权决定终止比赛，直至取消比赛资格。

（7）参赛选手若提前结束比赛，应向裁判举手示意，比赛终止时间由裁判记录，参赛选手结束比赛后不得再进行任何操作。

（8）参赛选手完成比赛项目后，提请裁判到工位处检查确认并登记相关内容，选手签字确认后听从裁判指令离开赛场，裁判填写执裁报告。

（9）比赛结束，参赛选手须清理现场，并将现场设备、设施恢复到初始状态，经裁判确认后方可离开赛场。

七、竞赛环境

（1）比赛场地设置 QJZ – 630/1140 – 4 矿用隔爆兼本质安全型组合开关（青岛天信电器有限公司）7 套。

（2）除比赛专用设备(7 套)外,另有备用设备 1 套。

八、技术规范

（一）比赛内容

（1）《煤矿矿井机电设备完好标准》(1987 年版)。

（2）QJZ – 630/1140 – 4 （青岛天信电器有限公司）开关说明书。

（3）《煤矿电工手册》等。

（4）《可编程控制器原理及逻辑控制》 林育兹等著，机械工业出版社，2006 年出版。

（二）注意事项

（1）比赛前一天，由各地代表队领队参加抽签确定轮次。比赛当天，由参加比赛的选手抽签确定工位。

（2）比赛过程中，或比赛后发现问题（包括反应比赛或其他问题），应由领队在当天向大赛组委会提出书面陈述。

（3）其他未尽事宜，将在赛前向各领队做详细说明。

九、技术平台

（一）竞赛用设备材料说明

（1）QJZ－630/1140－4 矿用隔爆兼本质安全型组合开关（青岛天信电器有限公司）8 套，内部配有松下 FPG－C32 型可编程逻辑控制器用于程序控制，并随开关带有说明书一本。

（2）控制箱（可控四回路），附带原理图接线图。

（3）多芯控制电缆（MKVVR－10×0.75，4 根）。

注：组委会提供井下服装、胶靴、安全帽、毛巾、矿灯、自救器、便携式瓦检仪，以及操作用停送电牌、控制箱接线图、开关所配同规格型号保险管及部分配件、放电母线、5 mm、6 mm、10 mm 内六方扳手、12 英寸活扳手、接线腔密封圈（每台 5 个）、接线用号码管及叉形预绝缘端头、绝缘胶带、隔爆面防锈油、碳素笔、A4 纸张等，万用表 10 块（备用），150 mm 钢板尺 50 把。

（二）选手自备工具材料

万用表（型号自定）、剥线钳、压线钳、手钳、试电笔、电工刀、各种"一"字电工改锥、"十"字电工改锥等常用电工工具（禁止携带、使用密封圈定直径冲孔工具，发现扣 10 分）。

十、评分标准

远方控制接线、排查故障评分标准见表 1、表 2。

表 1 远方控制制接线、排查故障评分表

场次：

开关编号：

选手编号：

项目	分值	操 作 标 准	分值	评 分 标 准	扣分	扣分原因
		按规定穿戴工作服、安全帽、毛巾、胶靴，配带矿灯（亮灯）、自救器、瓦检仪	3 分	操作过程中不符合操作标准项一处扣 1 分，扣完为止		
		操作完毕，清理操作区域内杂物和工具	3 分	竞赛结束后操作区域有工具或杂物每项扣 1 分。扣完为止。开关内遗留工具的按失爆论处		
安全文明操作	15 分	遵章作业，服从指挥，不干扰赛场秩序；停送电挂牌操作，挂牌在上级电源，送电前必须上级开关送电前停本开关及上级开关送电源；开盖操作前（以上报裁判员合格为准）；检查瓦斯电，放电；电缆进圈不使用润滑剂；不用工具代替放电线缆等；不敲打开关；不向他人借用工具；正确使用万用表排查故障，使用万用表前要校表（仅考核第一次）；操作时不出现工伤，不引起破皮流血	9 分	操作时导致自身或他人受伤每次扣 5 分；其余一处不符合操作标准扣 1 分，直至扣完为止；操作过程中将各种工具置于开关箱上面的（除瓦检仪外），每次扣一分，扣完为止；有严重干扰赛场行为的取消比赛资格		

165

表 1（续）

项目	分值	操　作　标　准	分值	评　分　标　准	扣分	扣分原因
控制线缆连接	25分	按照图纸要求接线，接线正确	7分	一处接线错误扣1分；少安或错安1个号码管扣0.5分；扣完为止		
		电缆伸入器壁不倾斜，电缆护套截面整齐；芯线压线前端无毛刺现象，不大于1mm；压线处紧固无松动；接线腔内芯线适直，布线均匀分布，无交叉，芯线叉形绝缘外皮无划伤、划痕；每一压线叉形预预绝缘端头紧固，用手轻拉不脱动、密封圈装配完好，内分层不破损，分层不随电缆挤出，不失爆；其余部分按完好标准执行	18分	接线腔内芯线布线不均匀，有交叉，芯线绝缘外皮划伤、划痕，芯线压线前端号线裸露长度超1mm，压线处不紧固或有毛刺现象一处扣0.5分；叉形预预绝缘端头不固定不紧一处不紧，扣1分；电缆外皮电缆剥线超0.4m，扣2分；电缆外套伸入器壁不符划伤扣2分；密封圈合5～15mm，多用一密封圈扣2分，扣3分，其余一处不合格扣1分，扣完为止。失爆按专门项扣分		
故障排查	60分	共设3个竞赛故障，排查完故障，在竞赛时间内在评分表规定处理处及时填写出相应故障现象及处理方法	60分	少排查一个故障扣20分；少写、错写一个故障现象或处理方法扣3分；未排查故障的只扣基本分，扣完为止		

166

表 1（续）

项目	分值	操作标准	分值	评分标准	扣分	扣分原因
其他评分项		带电开门调试开关失爆论处，操作完毕后竞赛设备不失爆。仅考核操作涉及部分（防爆面、腔、喇叭嘴等）		发现一处失爆从实操总分中扣 10 分，发现两处及以上失爆取消实际操作成绩		
		不得人为损坏元器件或随意拆、接线		损坏设备一处从实操总分中扣 10 分；回路短路或损坏设备严重者取消比赛资格		
	在实际操作成绩中考核	比赛时间 45 min，选手每提前 30 s 完成奖励 0.25 分，最多加 5 分；最小计分单位 30 s，不足 15 s 的按四舍五入计分		提前完成但实际操作部分成绩（不含时间加分部分）达不到要求（3 个故障排除，开关正确吸合，不失爆）的选手不加分；赛时 45 min 结束后，选手应停止一切与竞赛有关工作（含整理工具，打扫卫生，填写竞赛故障等），裁判员确认后，方可立即清理并清理及时离场		

选手竞赛用时：＿＿＿＿＿分＿＿＿＿＿秒　　　节时加分：＿＿＿＿＿分

选手最后得分：＿＿＿＿＿分

2017 年 5 月　裁判员：＿＿＿＿＿

表 2 选手排查故障记录表

场次：＿＿＿＿＿＿＿＿　　开关编号：＿＿＿＿＿＿＿＿

选手编号：＿＿＿＿＿＿＿＿

故障内容填写：

1. 现象：＿＿＿＿＿＿＿＿＿＿＿＿＿＿＿＿＿＿

处理方法：＿＿＿＿＿＿＿＿＿＿＿＿＿＿＿＿

2. 现象：＿＿＿＿＿＿＿＿＿＿＿＿＿＿＿＿＿＿

处理方法：＿＿＿＿＿＿＿＿＿＿＿＿＿＿＿＿

3. 现象：＿＿＿＿＿＿＿＿＿＿＿＿＿＿＿＿＿＿

处理方法：＿＿＿＿＿＿＿＿＿＿＿＿＿＿＿＿

裁判员：＿＿＿＿＿＿＿＿＿＿＿＿＿＿＿＿＿＿

2017 年 5 月＿＿＿＿＿＿

十一、评分方法

本竞赛评分标准本着"公平、公正、公开、科学、规范"的原则进行制定，注重考核选手的职业综合能力和技术应用能力。

评分与记分方法如下：

（1）技能操作竞赛由裁判员依据选手现场实际操作规范程度、操作质量、文明操作情况和操作结果，按照技能操作规范评分细则对每个项目单独评分后得出成绩。

（2）竞赛名次按成绩高低排定，总成绩相同者，按竞赛完成时间短者为先。

（3）在竞赛过程中，有作弊行为者，将取消其参赛项目的得分，并在其所在参赛队总分中扣除 10 分。

十二、奖项设定

本赛项奖项设个人奖，个人奖的设定为：一等奖占比 10%，二等奖占比 20%，三等奖占比 30%。

获得一等奖选手的指导教师由组委会颁发优秀指导教师证书。

十三、赛项安全

（1）选手在进行比赛达到规定时间后，不管完成与否，必须立即停止，准备下一项目。

（2）比赛过程中，选手必须遵守操作规程，按照规定操作顺序进行比赛，正确使用仪器仪表。不得野蛮操作，不得损坏仪器、仪表、设备，否则，一经发现立即责令其退出比赛。

（3）搞好自身安全，比赛中选手不得出现自身伤害事故，凡出现自身伤害者从其总分中扣除 20 分。

（4）项目开赛前应提醒选手注意操作安全，对于选手的违规操作或有可能引发人身伤害、设备损坏等事故的操作，应及时制止，保证竞赛安全、顺利进行。

十四、申诉与仲裁

本赛项在比赛过程中若出现有失公正或有关人员违规等现象，代表队领队可在比赛结束后 2 h 之内向仲裁组提出申诉。大赛采取两级仲裁机制。赛项设仲裁工作组，赛区设仲裁委员会。大赛执委会办公室选派人员参加赛区仲裁委员会工作。赛项仲裁工作组在接到申诉后的 2 h 内组织复议，并及时反馈复议结果。申诉方对复议结果仍有异议，可由省（市）领队向赛区仲裁委员会提出申诉。赛区仲裁委员会的仲裁结果为最终结果。

十五、竞赛观摩

本赛项对外公开，需要观摩的单位和个人可以向组委会申请，同意后进入指定的观摩区进行观摩，但不得影响选手比赛，在赛场中不得随意走动，应遵守赛场纪律，听从工作人员指挥和安排等。

十六、竞赛视频

安排专业摄制组进行拍摄和录制，及时进行报道，包括赛项的比赛过程、开闭幕式等。通过摄录像，记录竞赛全过程，同时制作优秀选手采访、优秀指导教师采访、裁判专家点评和企业人士采访视频资料等。

十七、竞赛须知

（一）参赛队须知

（1）统一使用规定的省、直辖市等行政区代表队名称，不使用学校或其他组织、团队名称。

（2）竞赛采用个人比赛形式，每个参赛选手必须参加所有专项的比赛，不接受跨省组队报名。

（3）参赛选手为高职院校在籍学生，性别不限。

（4）参赛队选手在报名获得确认后，原则上不再更换。允许选手缺席比赛。

（5）参赛队在各竞赛专项工作区域的赛位轮次和工位采用抽签的方式确定。

（6）参赛队所有人员在竞赛期间未经组委会批准，不得接受任何与竞赛内容相关的采访，不得将竞赛的相关情况及资料私自公开。

（二）指导教师须知

（1）指导教师务必带好有效身份证件，在活动过程中佩戴指导教师证参加竞赛及相关活动；竞赛过程中，指导教师未经允许不得进入竞赛场地。

（2）妥善管理本队人员的日常生活及安全，遵守并执行大赛组委会的各项规定和安排。

（3）严格遵守赛场的规章制度，服从裁判，文明竞赛，持证进入赛场允许进入的区域。

（4）熟悉场地时，指导老师仅限于口头讲解，不得操作任何仪器设备，不得现场书写任何资料。

（5）在比赛期间要严格遵守比赛规则，不得私自接触裁判人员。

（6）团结、友爱、互助协作，树立良好的赛风，确保大赛顺利进行。

（三）参赛选手须知

（1）选手必须遵守竞赛规则，文明竞赛，服从裁判，否则取消参赛资格。

（2）参赛选手按大赛组委会规定时间到达指定地点，凭参赛证、学生证和身份证（三证必须齐全）进入赛场，并随机进行抽签，确定比赛顺序。选手迟到 15 min 取消竞赛资格。

（3）裁判组在赛前 30 min，对参赛选手的证件进行检查及进行大赛相关事项教育。

（4）比赛过程中，选手必须遵守操作规程，按照规定操作顺序进行比赛，正确使用仪器仪表。不得野蛮操作，不得损坏仪器、仪表、设备，一经发现立即责令其退出比赛。

（5）参赛选手不得携带通信工具和相关资料、物品进入大赛场地，不得中途退场。如出现较严重的违规、违纪、舞弊等现象，经裁判组裁定取消大赛成绩。

（6）现场实操过程中出现设备故障等问题，应提请裁判确认原因。若因非选手个人因素造成的设备故障，经请示裁判长同意后，可将该选手比赛时间酌情后延；若因选手个人因素造成设备故障或严重违章操作，裁判长有权决定终止比赛，直至取消比赛资格。

（7）参赛选手若提前结束比赛，应向裁判举手示意，比赛终止时间由裁判记录；比赛时间终止时，参赛选手不得再进行任何操作。

（8）参赛选手完成比赛项目后，提请裁判检查确认并登记相关内容，选手签字确认。

（9）比赛结束，参赛选手需清理现场，并将现场仪器设备恢复到初始状态，经裁判确认后方可离开赛场。

（四）工作人员须知

（1）工作人员必须遵守赛场规则，统一着装，服从组委会统一安排，否则取消工作人员资格。

（2）工作人员按大赛组委会规定时间到达指定地点，凭工作证进入赛场。

（3）工作人员认真履行职责，不得私自离开工作岗位。做好引导、解释、接待、维持赛场秩序等服务工作。

十八、资源转化

竞赛场地和设备作为今后煤矿安全实训基地的重要资源，拍摄的视频资料充分突出赛项的技能，为今后教学提供全面的信息资料。

十九、部分试题及参考答案（表3）

表3 故障点设置现象及设置方法

组号	故障现象	故障点	故障设置方法
第一组	显示屏黑屏无电	空气开关 QF1 - 2 接线虚接	管状端子用透明胶布包裹该线头后压接原处，注意包裹防止将胶布压穿
	显示屏报"第一回路漏电"	KM1 - 21 线短接到外壳 PE	用自制短接线短接该处，注意短接线走线与其他走线捆扎在一起
	第一回路不能远控启动	接线端子 D1 - 2 和 3 接线接反	整理走线，防止故障点太过明显
第二组	显示屏显示通信故障/主控器无电	空气开关 QF4 - 2 接线虚接	管状端子用透明胶布包裹该线头后压接原处，注意包裹防止将胶布压穿
	第一回路不能远控启动	先导模块 XD1 - A 和 B 接线接反	整理走线，防止故障点太过明显
	第一回路和第二回路启动错位	主控器 CZ2 - 21 与 22 接线接反	整理走线，避免故障点太过明显
第三组	显示屏显示通信故障/主控器无电	空气开关 QF4 - 1 接线虚接	管状端子用透明胶布包裹该线头后压接原处，注意包裹防止将胶布压穿
	显示屏报"系统急停"	接线端子 D6 - 7 与 8 短接	用自制短接线短接该处，注意短接线走线与其他走线捆扎在一起
	第二回路不能远控启动	主控器 CZ2 - 4 与 3 接线接反	整理走线，避免故障点太过明显

表 3（续）

组号	故障现象	故障点	故障设置方法
第四组	显示屏报"系统欠压"	系统电压系数设置过低	在参数设置画面电压系数设置为 50
	矩阵键盘按键无反应	键盘腔内接线端子 T3 和 T4 接反	将键盘腔内 T3 和 T4 接线更换
	第四回路不能远控启动	接线端子 D1 - 8 和 9 接线接反	整理走线，防止故障点太过明显
第五组	显示屏黑屏无电	开关电源 PW - N 接线虚接	U 型用透明胶布包裹该线头后用剪刀剪开 U 口压接原处，注意力度防止胶布压穿
	显示屏报"第二回路漏电"	KM7 - 23 与外壳 PE 短接	用自制短接线短接该处，注意短接线走线与其他走线捆扎在一起
	第一回路与第二回路启动错位	主控器 CZ2 - 21 与 22 接反	整理走线，防止故障点太过明显
第六组	第一回路不能远控启动	先导模块 XD1 - B 接线虚接	管状端子用透明胶布包裹该线头后压接原处，注意包裹防止将胶布压穿
	显示屏报第二回路"温度超温"	ADAM4015 通信线 VSS 线错接在 N/A 端子上	显示屏报第二回路"温度超温"
	第一回路不能远控启动	先导 XD1 设置为复杂模式	将先导模块内部短接线连接在一起
第七组	矩阵键盘按键无反应	主控器 CZ1 - 17 与 CZ1 - 18 接反	整理走线，避免故障点太过明显
	显示屏报"系统过压"	系统电压过压报警值过低	在参数设置画面将报警值设置为 950
	显示屏报"24 V 漏电"	零序电流互感器 ELK2 虚接	管状端子用透明胶布包裹该线头后压接原处，注意包裹防止将胶布压穿

组号	故障现象	故障点	故障设置方法
第八组	显示屏报第二回路"温度超温"	ADAM4015 通信线 DATA + 与 DA-TA - 接反	整理走线，避免故障点太过明显
	第二回路不能远控启动	先导模块 XD2 - 4 与 XD2 - 5 接反	整理走线，避免故障点太过明显
	第三回路不能远控启动	先导 XD3 设置为复杂模式	将先导模块内部短接线连接在一起
第九组	第一回路和第二回路启动错位	主控器 CZ2 - 21 与 22 接线接反	整理走线，避免故障点太过明显。（故障验证用键盘起停）
	第一回路不能远控启动	先导模块 XD1 - 3 与 XD1 - 5 接反	整理走线，避免故障点太过明显。（故障验证看先导指示灯）
	第一回路不能远控启动	主控器 CZ2 - 3 接线虚接	将该线头用胶布包裹，并隐藏在其他走线中
第十组	第三回路不能远控启动	先导模块 XD3 - 3 与 XD3 - 5 接反	整理走线，避免故障点太过明显
	显示屏报第二回路"温度超温"	ADAM4015 通信线 GND 线错接在 N/A 端子上	整理走线，避免故障点太过明显
	第四回路不能远控启动	先导 XD4 设置为复杂模式	将先导模块内部短接线连接在一起
第十一组	第二回路不能远控启动	主控器 CZ2 - 4 与 3 接线接反	整理走线，避免故障点太过明显
	显示屏报瓦斯闭锁	接线端子 D2 - 6 和 D2 - 9 短接	整理走线，避免故障点太过明显
	矩阵键盘按键反应异常	隔离安全栅 GS8092 - 15 错接到 16 上	整理走线，避免故障点太过明显

组号	故 障 现 象	故 障 点	故 障 设 置 方 法
第十二组	显示屏报"第一回路漏电"	KM7 - 14 与外壳 PE 短接	用自制短接线短接该处，注意短接线走线与其他走线捆扎在一起
	矩阵键盘按键反应异常	隔离安全栅 GS8092 - 7 错接到 8 上	整理走线，避免故障点太过明显
	第三回路与第四回路同时启动	主控器 CZ2 - 23 与 24 同时接 23 上	整理走线，避免故障点太过明显
第十三组	矩阵键盘按键无反应	矩阵键盘白色插头虚接	将白色插头虚接到端子上，用胶布固定在旁边
	显示屏黑屏无电	显示屏 24 V + 接线虚接	管状端子用透明胶布包裹该线头后压接原处，注意包裹防止将胶布压穿
	第四回路不能启动	主控器 KM4 - A2 接线虚接	U 型用透明胶布包裹该线头后用剪刀剪开 U 口压接原处，注意力度防止胶布压穿
第十四组	第四回路不能远控启动	先导模块 XD4 - A 与 XD4 - B 接反	整理走线，避免故障点太过明显
	显示屏一直显示隔离开关"请合隔离开关"	主控器 CZ2 - 14 接线虚接	将该线头用胶布包裹，并隐藏在其他走线中
	第三回路与第四回路同时启动	主控器 CZ2 - 5 与 6 同时接 CZ2 - 5 上	整理走线，避免故障点太过明显

表 3（续）

组号	故障现象	故障点	故障设置方法
第十五组	矩阵键盘按键无反应	键盘腔内 T-9 错接到 T-8 上	整理走线，避免故障点太过明显
	显示屏报第二回路"温度超温"	信号经过板 O3 和 O4 之间添加一个电阻	将电阻隐藏在其他走线中，不明细发现
	所有回路不能启动	主控器 CZ2-31 线头虚接	将该线头用胶布包裹后隐藏在其他走线中
第十六组	第二回路不能远控启动	先导模块 XD2-3 接线虚接	管状端子用透明胶布包裹该线头后压接原处，注意包裹防止将胶布压穿
	显示屏报第二回路"温度超温"	ADAM4015 通信线 DATA + 线错接在 N/A 端子上	整理走线，避免故障点太过明显
	显示屏报第二回路"回路漏电"	动力线 U21 短接到 PE	在电流互感器处，将短接线一端压接在动力线 U21 上另一端压接到电流互感器固定螺栓（设备内侧）上
第十七组	显示屏不能显示隔离开关"正转"	隔离开关辅助接触 F1-2 虚接	U 型用透明胶布包裹该线头后用剪刀剪开 U 口压接原处，注意力度防止将胶布压穿
	所有回路接触器不能启动	接触器 KM5-A2 接线虚接	U 型用透明胶布包裹该线头后用剪刀剪开 U 口压接原处，注意力度防止将胶布压穿
	显示屏报"第三回路漏电"	KM7-33 与外壳 PE 短接	用自制短接线短接该处，注意短接线走线与其他走线捆扎在一起

178

表 3 （续）

组号	故障现象	故障点	故障设置方法
第十八组	显示屏不能显示隔离开关"正转"	主控器 CZ2 - 12 接线虚接	将该线头用胶布包裹，并隐藏在其他走线中
	矩阵键盘按键无反应	主控器 CZ1 - 17 接线脱落	整理走线，避免故障点太过明显
	第一回路不能启动	主控器 KM1 - A1 接线虚接	U 型用透明胶布包裹该线头后用剪刀剪开 U 口压接原处，注意力度防止将胶布压穿
第十九组	显示屏不能显示隔离开关"正转"	隔离开关辅助接触 F1 - 1 虚接	U 型用透明胶布包裹该线头后用剪刀剪开 U 口压接原处，注意力度防止将胶布压穿
	第一回路不能远控启动	主控器 CZ2 - 3 与 4 接线接反	第一回路不能远控启动
	第一回路与第二回路同时启动	主控器 CZ2 - 21 与 22 同时接在 CZ2 - 21 处	整理走线，避免故障点太过明显
第二十组	显示屏不能显示隔离开关"正转"	主控器 CZ2 - 14 接线虚接	将该线头用胶布包裹，并隐藏在其他走线中
	第一回路不能远控启动	先导模块 XD1 - 3 与 XD1 - 5 接反	整理走线，避免故障点太过明显
	第一回路不能远控启动	先导模块 XD1 - A 与 XD1 - B 接反	整理走线，避免故障点太过明显

表 3（续）

组号	故障现象	故障点	故障设置方法
二十一组	所有回路接触器不能启动	接触器 KM5 - A1 接线虚接	U 型用透明胶布包裹该线头后用剪刀剪开 U 口压接原处，注意力度防止将胶布压穿
	显示屏报"第四回路漏电"	KM7 - 44 与外壳 PE 短接	用自制短接线短接该处，注意短接线走线与其他走线捆扎在一起
	矩阵键盘按键无反应	隔离安全栅 GS8092 - 5 与 6 接线接反	整理走线，避免故障点太过明显
二十二组	第二回路不能远控启动	先导模块 XD2 - A 接线虚接	管状端子用透明胶布包裹该线头后压接原处，注意包裹防止将胶布压穿
	显示屏报第二回路"温度超温"	主控器 CZ1 - 8 和 CZ1 - 9 接反	整理走线，避免故障点太过明显
	显示屏报"第二回路漏电"	KM2 - 22 与外壳 PE 短接	用自制短接线短接该处，注意短接线走线与其他走线捆扎在一起

注：1. 排除故障时，应注明故障现象，并写明故障点。

2. 故障设置数量为 3 个（主控器内部不设置故障），故障排查标准：4 个回路均可远近控正常单启动。

3. 以下 4 处不设故障点：

（1）控制变压器 T6 与接地板连接线。

（2）中间接触器 KM5 - 13、穿墙端子 D5 - 3。

（3）中间接触器 QF1 - 1、穿墙端子 D5 - 4。

（4）熔断器组 FU - W、FU - U。

煤矿瓦斯检查(煤矿安全)赛项规程

一、赛项名称

赛项名称：煤矿瓦斯检查（煤矿安全）

英语翻译：Coal Mine Gas Inspection（Safety）

赛项组别：中职组

赛项归属产业：煤炭行业

二、竞赛目的

为促进煤炭行业职业院校学生实际操作技能水平，提升煤炭行业职业教育教学能力，调动广大学生参与实践训练的积极性，促进煤炭职业院校整体教学水平的提升，为煤矿输送合格的安全技术技能型人才。

通过竞赛，进一步推进涉煤院校、涉煤专业工学结合人才培养，促进校企合作，实现专业与产业对接、课程内容与职业标准对接、教学过程与生产过程对接，培养适应煤炭行业技术发展需要的高素质技术技能型人才，拓展和提高煤炭类职业教育的社会认可度；使比赛真正成为涉煤类院校中职教育改革和人才培养成果展示的平台，成为职业院校与煤炭企业合作交流的平台，成为煤炭类职业教育教学效果检验的平台，成为涉煤类中职院校学生学业发展的平台。

三、竞赛内容与时间

技能竞赛由四部分操作环节组成（竞赛时间 46 min，总分 100 分）。

（一）光学瓦斯检定器故障判断及合格仪器选定（17 min，20 分）

对随机抽取的一组（每组 6 台）光学瓦斯检定器进行检查、判断，从中选出 1 台完好的仪器，查出并记录其余 5 台仪器存在的 7 个故障（5 台故障仪器中有 3 台仪器各设 1 处故障点，另外 2 台各设 2 处故障点，故障不重复）。

（二）现场模拟操作演示（15 min，35 分）

在指定位置和进风巷道处，手指口述下井测定瓦斯前应做的测定准备工作。在模拟现场（低瓦斯岩巷，锚喷支护、压入式通风掘进工作面），按照瓦斯检查工操作规程和岗位职责要求，叙述、演示掘进工作面瓦斯和二氧化碳浓度检测的程序及检查要点。

（三）瓦斯浓度实测（7 min，30 分）

用指定的光学瓦斯检定器，按照瓦斯检查工操作规程，对指定的瓦斯气样（0～10%）进行现场测定，并填写检测报告表。根据现场环境条件，对光学瓦斯检定器读数进行校正（现场提供空盒气压计、温度计、计算器），计算出真实值（保留两位小数），要有计算过程，并填写检测报告表。

（四）一氧化碳浓度实测（4 min，10 分）

用指定的多种气体采样器，按照瓦斯检查工操作规程，对指定的一氧化碳气样（0~1%）进行现场测定，并填写检测报告表。

（五）自救器佩戴（3 min，5 分）

口述自救器的作用和使用条件，模拟发生火灾（瓦斯）事故时佩戴自救器。

四、竞赛方式

竞赛的技能实操部分为个人项目，竞赛内容由每名选手各自独立完成。每院校参赛选手原则上不超过 3 名选手，可派 1 名领队，1~2 名指导教师参加比赛。不邀请境外代表队参加。

竞赛采用现场操作由裁判员现场评分。

五、竞赛流程

竞赛流程如图 1 所示。

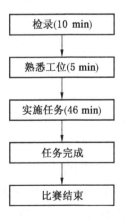

图 1　竞赛流程图

六、竞赛试题

本赛项采用公开赛题方式。

（1）光学瓦斯检定器故障判断及合格仪器选定。

（2）现场模拟操作演示。

（3）瓦斯浓度实测。

（4）一氧化碳浓度实测。

（5）救器的佩戴。

竞赛具体内容见评分标准。

七、竞赛规则

（1）选手必须遵守竞赛规则，文明竞赛，服从裁判，否则取消参赛资格。

（2）中职组参赛选手须为高等学校全日制在籍学生，五年制高职学生报名参赛的，一至三年级（含三年级）学生参加中职组比赛，四、五年级学生参加高职组比赛。中职组参赛选手年龄须不超过21周岁（当年），即1996年5月1日后出生，凡在往届全国煤炭职业院校技能大赛中获一等奖的选手，不能再参加同一项目同一组别的比赛。

（3）参赛选手按大赛组委会规定时间到达指定地点，凭参赛证、学生证和身份证（三证必须齐全）进入赛场，并随机抽取机位号。选手迟到15 min取消竞赛资格。各队领队、指导教师及未经允许的工作人员不得进入竞赛场地。

（4）裁判组在赛前30 min，对参赛选手的证件进行检查及进行大赛相关事项教育。参赛选手在比赛前20 min进入比赛工位，确认现场条件无误；比赛时间到方可开始操作。

（5）参赛选手必须严格按照设备操作规程进行操作。参赛选手不得携带通信工具和其他未经允许的资料、物品进入大赛场地，不得中途退场。如出现较严重的违规、违纪、舞弊等行为，经裁判组裁定取消大赛成绩。

（6）比赛过程中出现设备故障等问题，应提请裁判确认原因。若因非选手个人因素造成的设备故障，裁判请示裁判长同意后，可将该选手大赛时间酌情后延；若因选手个人因素造成设备故障或严重违章操作，裁判长有权决定终止比赛，直至取消比赛资格。

（7）参赛选手若提前结束比赛，应向裁判举手示意，比赛终止时间由裁判记录，参赛选手结束比赛后不得再进行任何操作。

（8）参赛选手完成比赛项目后，提请裁判到工位处检查确认并登记相关内容，选手签字确认后听从裁判指令离开赛场。裁判填写执裁报告。

（9）比赛结束，参赛选手需清理现场，并将现场设备、设施恢复到初始状态，经裁判确认后方可离开赛场。

八、竞赛环境

（1）每个分项竞赛场地不小于 16 m^2。

（2）模拟矿井通风系统瓦斯检查与管理比赛地点设在重庆工程职业技术学院模拟矿井巷道。

（3）除比赛用设备外，设有备用设备两套。

九、技术规范

按照中职院校煤矿安全类专业人才培养方案实施要

求，掌握《矿井通风》《煤矿安全》《煤矿安全规程》中关于通风、瓦斯、煤尘、防火等相关的规定，以及煤矿瓦斯检查高级工技能鉴定规范。

（1）可以自带技能竞赛赛项规程要求准备的工具。

（2）参赛选手应严格遵守赛场纪律，服从指挥，仪表端庄。

（3）比赛前一天，由各地代表队领队参加抽签确定轮次。

（4）比赛当天，由参加比赛的选手抽签确定工位。

（5）比赛过程中，或比赛后发现问题（包括反应比赛或其他问题），应由领队在当天向大赛组委会提出书面陈述。

（6）其他未尽事宜，将在赛前向各领队做详细说明。

十、技术平台

（一）比赛使用设备

比赛使用设备见表1。

表1　比赛使用设备

序号	设备名称	规格	备注
1	光学瓦斯测定仪	CJG－10	西安重装矿山电器设备有限公司
2	多种有害气体检测器	DQJ－50	重庆安仪煤矿设备有限公司
3	压缩氧自救器	ZYX45	浙江恒泰安全设备有限公司
4	空盒气压计	DYM3 型	宁波市鄞州姜山玻璃仪器仪表厂
5	酒精温度计	量程 0～60 ℃	
6	机械式风速表	DFA－Ⅲ	重庆安仪煤矿设备有限公司

（二）瓦斯检测工所配备工具

瓦斯检测工所配备工具见表2。

表2　瓦斯检测工所配备工具

序号	材料工具	型号	单位	数量	备注
1	光学瓦斯检定器	CJG－10型	台		0～10%（合格1台，故障5台）
2	温度计	量程0～60℃	支	12	
3	空盒气压计	DYM3型	个	12	
4	秒表		个	若干	
5	硅胶				失效若干（1～2 mm）完好若干（2～3 mm）
6	钠石灰				失效若干（1～3 mm）完好若干（3～5 mm）
7	干电池		节	若干	
8	多种气体检测器	DQJ－50	个	若干	
9	检定管	CO检定管	支	若干	0～50 ppm
10	粉笔		支	若干	
11	瓦斯检查记录手册		本		
12	圆珠笔		支		
13	工作服、腰带、安全帽		套		
14	矿灯、灯带		个		
15	劳保靴		双		
16	自救器	ZYX45	个	若干	

序号	材料工具	型　号	单位	数量	备　注
17	瓦斯测定浓度管支撑棍		个	12	
18	流量计		个	3	
19	工具包		个	6	
20	计算器		台	12	
21	瓦斯气体		瓶	1	
22	一氧化碳气体		瓶	1	
23	减压阀		个	2	
24	球胆		个	10	

十一、成绩评定

本竞赛评分标准本着"公平、公正、公开、科学、规范"的原则进行制定，注重考核选手的职业综合能力、团队的协作与组织能力和技术应用能力。

（1）技能操作竞赛由裁判员依据选手现场实际操作规范程度、操作质量、文明操作情况和操作结果，按照技能操作规范评分细则及评分标准对每个项目单独评分后得出成绩。

（2）竞赛名次按成绩高低排定，总成绩相同者，以实际操作技能成绩高者为先，实际操作技能成绩相同时，按竞赛完成时间短者为先。

（3）在竞赛过程中，有作弊行为者，将取消其参赛项目的得分，并在其所在参赛队总分中扣除10分。

（一）光学瓦斯检定器故障判断及合格仪器选定（20分）

（1）错判、漏判仪器故障点（问题、故障等），共7个故障点每处2分，计14分，判断错误每处扣2分；严格按故障对应的序号写入故障判断表格中，否则不得分。多写或重复写不得分。

（2）每组6台仪器中有一台合格仪器，选择对得6分，合格仪器选择错误的，扣6分。

（二）现场模拟操作演示（35分）

1. 测定准备工作（15分）

1）检查仪器外观（3分）

要求仪器的目镜盖、开关护套、主调螺旋盖、皮套、背带、胶管、吸气球、水分吸收管等完好不缺损。（0.4分）

（1）目镜盖的盖、链条完好，两固定点牢固。（0.2分）

（2）开关护套贴紧开关，松紧适度，无缺损。（0.2分）

（3）主调螺旋盖的盖、链条完好，两固定点牢固。（0.2分）

（4）皮套完整、无缺损、纽扣能扣上。（0.2分）

（5）背带完好、长度适宜。（0.2分）

（6）胶管无缺损，不漏气、长度适宜。（0.2分）

（7）吸气球完好、无龟裂，吸气门合格、瘪起自如。（0.2分）

（8）水分吸收管外壳完好无损，两端完整。（0.2

分)

仪器调节操作部位的开关、主调螺旋、微调螺旋、目镜组组件牢固可靠,调节过程中应平稳、柔和、灵活、可靠,不得有松动、卡滞、杂音、急跳等现象。(0.2分)

(1) 开关:两光源开关,按时有弹性、完好。(0.2分)

(2) 主调螺旋:旋钮完好,旋时灵活可靠,无杂音,无松动、卡滞现象。(0.2分)

(3) 微调螺旋:旋钮完好,旋时灵活可靠,无杂音,无松动、卡滞现象。(0.2分)

(4) 目镜组组件:固定螺丝齐全,提、按、旋转过程中,平稳、柔和、灵活可靠,无松动、卡滞现象。(0.2分)

2) 药品检查 (3分)

(1) 要求药品装满,颗粒粒度均匀、大小适宜,一般约 2~5 mm (0.3分)。颗粒太大,不能充分吸收所通过气体中的水分或二氧化碳,影响测值准确性 (0.3分);颗粒过小又易于堵塞,造成仪器畅通不良,甚至将药品粉末吸入气室内,影响测值的准确性 (0.4分)。

(2) 水分吸收管 (内装干燥剂氯化钙或变色硅胶):内装硅胶时,良好为光滑深蓝色颗粒状,失效后为粉红色,严重失效时,为不光滑粉红色 (0.3分);内装氯化钙时,良好为纯白色颗粒,大小均匀无粉末,失效后呈浆糊状或变成固体 (0.3分)。吸收管内装的隔圈相隔要均匀、平整,两端要垫匀脱脂棉,不得随意取掉隔圈 (0.4

分）。

（3）二氧化碳吸收管：内装钠石灰，良好为鲜艳粉红色（0.3分），失效为粉白色，呈粉末状，须及时更换（0.3分），更换后装满且拧紧，然后做简单的气密性试验和畅通性试验（0.4分）。

3）检查气路系统（3分）

（1）首先检查吸气球是否漏气：用手捏扁吸气球，另一手捏住吸气球的胶管，然后放松吸气球，吸气球1 min不胀起，表明吸气球不漏气。（1分）

（2）其次检查仪器是否漏气：将吸气球胶皮管同仪器吸气孔连接，堵住进气孔，捏扁吸气球，松手后1 min不胀起，表明仪器不漏气。（1分）

（3）最后检查气路是否畅通：即放开进气孔，捏放吸气球，气球瘪、起自如时表明气路畅通。（1分）

4）检查电路系统和光路系统（3分）

（1）电路系统要求接触良好（0.3分）。检查时分别按下光源电门和微读数电门，并由目镜和微读数观测窗观察，如灯泡亮度充分，松手即灭为良好（0.3分）。不得出现忽明忽暗或按下电门不亮以及松手后常明等不良现象（0.3分），特别是电池发热或灯光很快变红等严重的短路现象（0.3分），若出现应及时检查电路系统（0.3分）。

（2）检查光路系统时，按下光源电门，由目镜观察，并旋转目镜筒，调整到分划板刻度清晰时为止，再看干涉条纹是否清晰，否则应进行调整或更换仪器（1分）。光路系统检查还要求，目镜观察范围内不得有影响观测读数的明显气泡、锈蚀、副像、麻点、擦痕、灰尘等现象，否则应更换仪器（0.5分）。

5）检查干涉条纹，对仪器进行校正（3分）

（1）按下光源电门，干涉条纹除明亮、清晰外，还要有足够的视场（0.2分），且干涉条纹不得有明显的弯曲、倾斜，条纹间隔宽度要达到规定值（0.3分），即将光谱的第一条黑纹（左侧黑纹）对在"0"位，第5条条纹和分划板上"7%"数值重合，表明条纹宽窄适当，可以使用，否则应调整光学系统（0.5分）。

（2）检查小数精度：小数精度允许误差为±0.02%（0.3分），检查时把测微读数盘刻度调到零位，调主调螺旋，由目镜观察使分划板上既定的黑条纹调到"1%"，调整微调螺旋，使测微读数盘刻度从"0"转到"1%"，分划板上原对"1%"的黑条纹恰好回到分划板上的零位时表明小数精度合格（0.6分），如过零或不到零，且超过规定的允许误差范围，应重新调整光学系统（0.3分）。

（3）将仪器整理好放入工具包（现场提供工具包）或背在肩上（0.3分），然后根据井下工作要求，领取瓦斯检查工记录手册、记录笔、便携式甲烷检测仪或便携式甲烷氧气两用检测仪、多种气体检测器、检定管、温度计、粉笔等工具和物品（0.3分）；领取的便携式仪器要按要求进行电源电压和调零检查（0.2分）。

2. 现场模拟检测操作演示（20分）

（1）在指定地点交接班，并按规程规定的次数进行

检查。(1分)

掘进工作面的瓦斯浓度检查次数为：低瓦斯矿井每班至少检查2次；高瓦斯矿井每班至少检查3次（0.3分）；有煤（岩）与瓦斯突出危险的采掘工作面，有瓦斯喷出危险、瓦斯涌出量大、瓦斯变化异常的采掘工作面，必须有专人经常检查瓦斯（0.3分），并安设甲烷断电仪（0.2分）。本班未进行工作的采掘工作面，瓦斯和二氧化碳每班至少检查1次（0.2分）。

（2）清洗气室并调零。(2分)

下井后，在待测瓦斯地点的进风流中，清洗瓦斯室，进行光学瓦斯检定器调零工作。(1分)

将二氧化碳吸收管、水分吸收管都接入测量气路（0.2分），捏放吸气球5~10次，吸入新鲜空气清洗瓦斯气室，将水蒸气、二氧化碳隔离，使进入仪器的为纯空气（0.2分）。调零位：按下微读电源电门，观看微读数观测窗，旋转微调螺旋，使微读数刻度盘的零位与指示板零位线重合（0.2分），按下光源电门，观看目镜，旋下主调螺旋盖，调主调螺旋，在干涉条纹中选定一条黑基线与分划板上零位重合，并记住这条黑基线，再捏放吸气球5~10次，看黑基线是否漂移，如果出现漂移，再重复捏放吸气球5~10次，直至黑基线稳定在零位（0.2分），然后一边观看目镜，一边盖好主调螺旋盖，要防止拧螺旋盖过紧时光谱移动，盖好螺旋盖以防止基线因碰撞而移动（0.2分）。

（3）局部通风机检查。(3分)

行进到掘进工作面局部通风机处，应先检查局部通风机及其开关附近 10 m 范围内风流中瓦斯浓度（1 分）。局部通风机及开关安设是否符合规定（说出相关标准规定）（0.5 分）。局部通风机是否存在循环风（指出如何检查循环风，否则扣 0.8 分）（1 分）。如存在问题应及时汇报调度室进行处理（0.5 分）。

（4）掘进工作面回风流气体检查。（5 分）

掘进工作面回风巷风流中每个测点的瓦斯和二氧化碳浓度要测定 3 次（0.3 分），取其最大值作为处理结果（0.2 分）。

压入式通风的掘进工作面采用锚喷支护时，回风巷风流的划分范围是风筒出风口至巷道回风口距巷道顶、帮、底各为 200 mm 的巷道空间内的风流（0.5 分）。对回风巷风流每隔一定距离选一测点，进行测定（0.5 分）。

检查时，应先在巷道回风口向工作面方向以内 10 ~ 15 m 左右位置选一点，检查瓦斯和二氧化碳浓度（0.5 分）。

检查瓦斯时，将水分吸收管与二氧化碳吸收管一同与仪器进气口相连（0.3 分），在待测地点把接到二氧化碳吸收管的进气端用木棒或探杖送到待测位置或有瓦斯处（即距巷道顶板 200 ~ 300 mm 处）（0.3 分），完全捏放吸气球 5 ~ 10 次，将待测气体吸入瓦斯室（0.4 分）。

按下光源电门，由目镜读出黑基线位移后靠近的前面整数值（0.3 分），然后顺时针转动微调螺旋，使黑基线退到和该整数刻度相重合，从微读数盘上读出小数位

（0.3 分），整数位和小数位相加即为测点的瓦斯浓度（0.4 分）。

测定二氧化碳浓度的方法与测定瓦斯浓度的方法相同（0.1 分），所不同的是：将仪器进气管送到待测位置或有瓦斯处（即距巷道底板 200～300 mm 处）（0.1 分），先测出下部瓦斯浓度（0.2 分），然后取下二氧化碳吸收管测定出二氧化碳和瓦斯混合气体浓度（0.4 分），混合气体浓度减去下部瓦斯浓度再乘以 0.955，即为该测点二氧化碳浓度（0.2 分）。

（5）掘进工作面风流气体检查。（3 分）

掘进工作面风流中每个测点瓦斯和二氧化碳浓度要测定 3 次（0.5 分），取其最大值作为处理结果（0.5 分）。压入式通风的掘进工作面采用锚喷支护时，掘进工作面风流的划分范围是掘进工作面至风筒出风口距巷道顶、帮、底各为 200 mm 的巷道空间内的风流（1 分）。

掘进工作面瓦斯和二氧化碳浓度测定应在掘进工作面风流中进行，避开风筒出风口。（0.5 分）

掘进工作面风流中瓦斯和二氧化碳浓度的测定方法与掘进工作面回风巷风流的测定方法相同。（0.5 分）

（6）空气温度测定。（1 分）

掘进工作面空气温度测点应在工作面距迎头 2 m 处的巷道中央风流中。（0.5 分）

掘进工作面空气温度测点不应靠近人体、发热或制冷设备，至少 0.5 m 以上，待 5 min 后读数。测温仪器使用最小分度为 1 ℃，并经校正的温度计。（0.5 分）

（7）甲烷传感器校对。（1分）

检查掘进工作面安全监控设备。检查甲烷传感器时，要对其安放位置、运行情况进行检查并校对其读数（1分，并说出甲烷传感器安设规定和要求，否则扣0.5分）。

（8）风筒等通防设施检查。（2分）

检查风筒出风口距掘进工作面距离、风筒出风口风量、风筒漏风情况，风筒连接、吊挂质量以及通风防尘设施的安装使用情况。（0.2分）

① 检查风筒末端距：煤巷≤5 m，半煤岩巷≤8 m，岩巷≤10 m。（0.2分）

② 检查风筒出口风量。符合规程和设计要求，且不小于70 m^3/min。（0.2分）

③ 风筒吊挂平直，逢环必挂，拐弯设弯头，接头严密，无破口、无漏风。（0.2分）

④ 防爆设施安设。a. 第一排水槽设在距迎头60～200 m的直线巷道内，且覆盖全断面（0.2分）。b. 水槽高度为1.8 m，距顶帮不小于0.1 m，水槽棚长度不小于20 m，水槽排间距为1.2～3 m（0.2分）。c. 要保持水量充足，外观干净整洁，吊挂整齐（0.2分）。d. 水量标准为200 L/m^2。e. 隔爆设施实行挂牌管理（0.2分）。

⑤ 风、水管路到迎头，水管每50 m安装1个三通阀，洒水灭尘。（0.2分）

⑥ 设置洒水喷雾；爆破喷雾距迎头不大于20 m，净化喷雾距迎头不大于50 m，覆盖全断面。（0.2分）

（9）检查结果记录。（2 分）

每次检查结果必须记入瓦斯检查班报手册和有检查地点的记录牌上，由现场（工）班长签字，并通知现场工作人员和调度室（1 分）。瓦斯浓度超过《煤矿安全规程》有关规定时（要求简单说出几种规定，不说扣 0.5 分），瓦斯检查工有权责令现场人员停止工作，并撤到安全地点（1 分）。

（三）瓦斯浓度实测（30 分）

用指定的光学瓦斯检定器，按照瓦斯检查工操作规程，对指定的瓦斯气样（0~10%）进行现场测定，并填写检测报告表。

根据现场环境条件，对光学瓦斯检定器读数进行校正（现场提供空盒气压计、温度计、计算器），计算出真实值（保留两位小数），要有计算过程，并填写检测报告表。

（四）一氧化碳浓度实测（10 分）

用指定的多种气体采样器，按照瓦斯检查工操作规程，对指定的一氧化碳气样（0~1%）进行现场测定，并填写检测报告表。

用比长式多种气体检定器，对指定气体的一氧化碳浓度实测，并填写有关报表。现场给定一个容积为 50 mm³ 的多种气体检测器、秒表和测量范围不同的检定管两根。

（1）口述与操作（一氧化碳检定器外部零部件、气密性、畅通性、量程）。（2 分）

（2）口述与对应操作取气过程。（2 分）

（3）选取检定管（现场提供两种测量不同气体的检定管），打开检定管，连接与送气，误差不超过允许误差（±5 s）。（2分）

（4）读数，测值与标准值进行比较，不得超过允许误差（+5 ppm）。（4分）

（五）自救器的佩戴（5分）

（1）说出自救器的作用、使用条件和操作前检查。（2分）

（2）模拟发生火灾事故时佩戴自救器过程。（3分）

具体评分方法见测定评分标准表（表3~表9），实测报告表见表10、表11。

表3　光学瓦斯检定器选定及故障判断评分标准表

项目	内容	操作程序	标准分	评分标准
光学瓦斯检定器选定及故障判断	1.故障判断	对抽取的一组（每组6台）光学瓦斯检定器进行检查、判断，查出并记录其中5台仪器存在的7个故障	14	错判、漏判仪器故障点（问题、故障等），每处扣分2分。严格按故障对应的序号写入故障判断表格中，否则不得分。多写或重复写不得分
	2.选出合格仪器	从中选出1台完好仪器	6	合格仪器选择错误，扣12分
合　　计			20	

198

表 4　测定瓦斯准备工作评分标准表

项目	内容	操作程序	标准分	评分标准
测定准备工作	1. 检查仪器外观	（1）检查仪器的目镜盖、开关护套、主调螺旋盖、皮套、背带、胶管、吸气球、水分吸收管	2	未手指口述和对应操作扣 1 分；手指口述和对应操作不正确按要点扣分，每少说一个要点或操作不到位扣 0.2 分
		（2）检查仪器调节操作部位的开关、主调螺旋、微调螺旋、目镜组组件	1	未手指口述和对应操作扣 1 分；手指口述和对应操作不正确按要点扣分。每少说一个要点或操作不到位扣 0.2 分
	2. 药品检查	（1）检查药品大小	1	未手指口述和对应操作扣 1 分；手指口述和对应操作不正确按要点扣分
		（2）水分吸收管检查	1	未手指口述和对应操作扣 1 分；手指口述和对应操作不正确按要点扣分
		（3）二氧化碳吸收管检查	1	未手指口述和对应操作扣 1 分；手指口述和对应操作不正确按要点扣分
	3. 检查气路系统	（1）检查吸气球是否漏气	1	未手指口述和对应操作扣 1 分
		（2）检查仪器是否漏气	1	未手指口述和对应操作扣 1 分
		（3）检查气路是否畅通	1	未手指口述和对应操作扣 1 分

表4（续）

项目	内 容	操 作 程 序	标准分	评 分 标 准
测定准备工作	4. 检查电路系统和光路系统	（1）检查电路系统	1.5	未手指口述和对应操作扣1.5分；手指口述和对应操作不正确按要点扣分
		（2）检查光路系统	1.5	未手指口述和对应操作扣1.5分；手指口述和对应操作不正确按要点扣分
	5. 检查干涉条纹，对仪器进行校正	（1）主读数精度检查	1	未手指口述和对应操作扣0.5分，口述和对应操作不正确按要点扣分
		（2）微读数精度检查	1.2	未手指口述和对应操作扣1分；手指口述和对应操作不正确按要点扣分
		（3）仪器整理	0.8	未手指口述和对应操作扣0.8分，口述和对应操作不正确按要点扣分
合　　计			15	

表5 现场模拟检测操作演示评分标准表

项目	内容	操 作 程 序	标准分	评 分 标 准
现场模拟检测操作	1. 交接班与检查次数	在指定地点交接班，并按规程规定的次数进行检查	1	未口述扣1分；口述不正确依据要点扣分
	2. 清洗气室并调零	（1）吸取新鲜空气清气室	1	没有清洗瓦斯气室扣1分
		（2）微读数调零；光干涉条纹调零	1	未先进行微读调零或不进行微读调零的扣1分；未进行光干涉条纹调零的扣1分
	3. 局部通风机检查	（1）检查局部通风机及其开关附近10 m范围内风流中瓦斯浓度	1	操作不正确扣1分，口述不全面依据要点扣分
		（2）检查局部通风机及开关安设位置	0.5	未手指口述相关规定和要求不得分，口述不全面依据要点扣分
		（3）局部通风机是否存在循环风	1	未进行循环风判断扣0.8分，口述不全面依据要点扣分
		（4）问题与汇报处理	0.5	未口述不得分，口述不全面依据要点扣分

项目	内容	操作程序	标准分	评分标准
现场模拟检测操作	4.掘进工作面回风流气体检查	（1）测定次数，取最大值	0.5	口述不全面按要点扣分
		（2）风流划分范围	1	手指口述不全面依据要点扣分
		（3）测点位置选择	0.5	回风口位置选择错误不得分，手指口述不全面依据要点扣分
		（4）检查瓦斯	1	检查操作不正确扣1分；口述不全面和操作不对应依据要点扣分
		（5）读数	1	读数操作不正确扣1分；口述不全面和操作不对应依据要点扣分
		（6）检查二氧化碳	1	检查操作不正确扣1分；口述不全面和操作不对应依据要点扣分
	5.掘进工作面风流气体检查	（1）测定次数，取最大值	1	口述不全面按要点扣分
		（2）风流划分范围	1	手指口述不全面依据要点扣分
		（3）瓦斯和二氧化碳浓度测定	0.5	检查操作不正确扣1分；口述不全面和操作不对应依据要点扣分
		（4）瓦斯和二氧化碳浓度测定方法	0.5	手指口述不正确扣0.5分

表 5（续）

项目	内 容	操 作 程 序	标准分	评 分 标 准
现场模拟检测操作	6. 空气温度测定	（1）空气温度测点	0.5	操作不正确或位置不对不得分，手指口述不全面依据要点扣分
		（2）测温仪器使用	0.5	手指口述不全面依据要点扣分
	7. 甲烷传感器校对	检查掘进工作面安全监控设备	1	未对甲烷传感器的安放位置、运行情况进行检查并对其读数不得分，口述和操作不对应、不全面依据要点扣分
	8. 风筒等通防设施检查	检查风筒出风口距掘进工作面距离、风筒出风口风量、风筒漏风情况、风筒连接、吊挂质量以及通风防尘设施的安装使用情况	2	手指口述不全面依据要点扣分，少答一个要点和错答一个要点均扣0.2分
	9. 检查结果记录	（1）检查结果必须记入瓦斯检查班报手册和检查地点的记录牌板上	1	未及时记录到记录手册上不得分；未填写到瓦斯记录牌板上扣0.5分；口述和对应操作不全面依据要点扣分
		（2）瓦斯浓度超过处理，说出规程相关规定	1	口述不全面依据要点扣分
合　计			20	

表6 瓦斯浓度测定评分标准表

项目	操作内容	操作标准	标准分	评分标准	实得分
瓦斯测定	1. 测定瓦斯	(1) 抽取气样（先对零） (2) 读取整数 (3) 读取小数	8	没有对零扣3分，抽取气样时换气次数少于5次扣3分，不进行整数读取扣4分，不进行小数读取扣4分，扣完本项分为止	
	2. 环境测定	(1) 用空盒气压计测定现场气压，用温度计测定现场空气温度 (2) 对气压读数进行刻度、温度和补充修正（计算过程写到草稿纸上），修正后的示值填写到现场报告表上	10	①不进行气压和温度测定扣10分，气压读数精确到100 Pa，每差100 Pa扣1分，最多扣4分，温度读数精确到1 ℃，每差1 ℃扣1分，最多扣4分 ②气压读数修正：无计算公式扣4分、无计算过程或计算公式错误，分别扣4分	
	3. 光学瓦斯检定器读数校正，将真实值填写报告表	(1) 根据现场环境测定数据，列出校正系数公式：$[K = 345.8(273 + t)/p]$；并有计算过程 (2) 计算瓦斯真实值：瓦斯测值乘以校正系数K得出瓦斯真实测值，要有计算公式和计算过程 (3) 将瓦斯真实值填入报告表	12	① 真实值与气样标准值绝对误差每差0.02%扣0.5分，最多扣10分 ② 未精确到小数点后2位数或超过2位数，扣2分 ③ 未列出校正系数公式扣5分，计算每少一步扣1分。计算无结果扣5分 ④ 扣完小项分为止	
合 计			30		

表7 一氧化碳浓度测定评分标准表

项目	操作内容	操作标准	标准分	评分标准	实得分
一氧化碳浓度实测（10分）	1. 口述与操作	口述与操作（一氧化碳检定器外部零部件、气密性、畅通性量程）	2	口述不正确或操作不到位依据要点扣分，不进行边演示边叙述每少一项扣1分（气密性、润滑性、通气性、量程检查）	
	2. 取样	先进行换气2~3次，按操作要求换气，然后抽取气样	2	（1）取样不正确扣2分 （2）没有换气扣1分	
	3. 连接检定管	选取一氧化碳检定管，用砂轮切开二端，正确连接、按规定时间均匀送气	2	（1）选取检定管与连接错误本小项不得分 （2）通气时间按检定管要求进行，超过每5s扣1分 （3）送气不均匀扣1分	
	4. 读数	按照变棕色环最高位置读出一氧化碳浓度值，并正确填写到测定报告	4	（1）测值与气样标准值绝对误差每超过5ppm扣0.5分，最多扣4分 （2）填写报表单位错误扣1分	
合　　计			10		

表8 自救器佩戴评分标准表

项目	操作内容	操作标准	标准分	评分标准	实得分
自救器佩戴	1. 佩戴说明	(1) 使用条件 (2) 作用	2	未按要求进行口述，每项扣1分，扣完本项分为止	
	2. 佩戴过程	(1) 观察压力计 (2) 拉出氧气囊 (3) 打开开关和套背带 (4) 咬口具 (5) 戴鼻夹 (6) 在呼吸的同时按动手动补给按钮1~2 s，气囊将要充满氧气时立即停止	3	未按要求操作，每项扣0.5分，扣完为止	
合　计			5		

表9 瓦斯检查技能比赛实操评分表

选手抽签号			比赛日期		
竞赛项目名称	瓦斯检查工作实际操作		规定时间	46 min（故障17 min、模拟演示15 min、瓦斯浓度实测7 min、一氧化碳实测4 min、自救器佩戴3 min）	
竞赛项目	竞赛内容及要求	配分	评分标准	扣分	得分
项目一：故障判断及合格仪器选定（20分）	故障判断	14	1. 错判、漏判仪器故障点（问题、故障等），每处扣2分；故障按对应序号写入，多写或重复写不得分		
	选出合格仪器	6	2. 合格仪器选择错误的参赛选手，扣12分		

表9（续）

竞赛项目	竞赛内容及要求		配分	评分标准	扣分	得分
项目二：现场模拟操作演示（35分）	测定准备工作	检查仪器外观	3	未口述和未对应操作不得分；口述不正确或操作不到位依据要点扣分		
		药品检查	3	未口述和未对应操作不得分；口述不正确或操作不到位依据要点扣分		
		气路系统检查	3	未口述和未对应操作不得分；口述不正确或操作不到位依据要点扣分		
		电路和光路系统检查	3	未口述和未对应操作不得分；口述不正确或操作不到位依据要点扣分		
		仪器校正	3	未口述和未对应操作不得分；口述不正确或操作不到位依据要点扣分		
	瓦斯检查次数		1	未口述不得分；口述不正确依据要点扣分		
	清洗气室并调零		2	未口述和未对应操作不得分；口述不正确或操作不到位依据要点扣分		
	局部通风机查（瓦斯、循环风）		3	未口述和未对应操作不得分；口述不正确或操作不到位依据要点扣分		
	工作面回风流气体检查		5	未口述和未对应操作不得分；口述不正确或操作不到位依据要点扣分		
	工作面风流气体检查		3	未手指口述不得分；手指口述不正确依据要点扣分		

表9（续）

竞赛项目	竞赛内容及要求		配分	评分标准	扣分	得分
项目二：现场模拟操作演示（35分）	空气温度检查		1	未口述和未对应操作不得分；口述不正确或操作不到位依据要点扣分		
	校对甲烷传感器		1	未口述和未对应操作不得分；口述不正确或操作不到位依据要点扣分		
	风筒等通防设施检查		2	未手指口述不得分；手指口述不正确依据要点扣分		
	检查结果记录		2	未口述和未对应操作不得分；口述不正确或操作不到位依据要点扣分		
项目三：瓦斯浓度实测（30分）	CH_4测定	1. 测定瓦斯	8	依据评分要点扣分		
		2. 环境测定	10	依据评分要点扣分		
		3. 光学瓦斯检定器读数校正、将真实值填写报告表	12	（1）真实值与标准值绝对误差每 0.02% 扣 0.5分，最多扣10分 （2）无计算公式扣 5分，或过程不全，每少一步扣1分 （3）计算无结果扣5分 （4）扣完小项分为止		
项目四：一氧化碳浓度实测（10分）	一氧化碳浓度的测定	1. 口述与操作（一氧化碳检定器外部零部件、气密性、畅通性、量程）	2	口述不正确或操作不到位依据要点扣分，不进行边演示边叙述每少一项扣1分（气密性、润滑性、通气性、量程检查）		

表 9（续）

竞赛项目	竞赛内容及要求		配分	评分标准	扣分	得分
项目四：一氧化碳浓度实测（10分）	一氧化碳浓度的测定	2. 取样	2	（1）取样不正确扣2分 （2）没有换气扣1分		
		3. 选取与打开检定管、连接、送气	2	（1）选取检定管与连接错误本小项不得分 （2）通气时间按检定管要求进行，超过每5 s扣1分 （3）送气不均匀扣1分		
		4. 读数	4	（1）测值与气样标准值绝对误差每超过5ppm扣0.5分，最多扣4分； （2）填写报表单位错误扣1分		
项目五：自救器佩戴(5分)	1. 佩戴说明	（1）使用条件 （2）作用	2	未按要求进行口述，每项扣1分,扣完本项分为止		
	2. 佩戴过程	（1）观察压力计 （2）拉出氧气囊 （3）打开开关和套背带 （4）咬口具 （5）戴鼻夹 （6）在呼吸的同时按动手动补给按钮1~2 s,气囊将要充满氧气时立即停止	3	未按要求操作，每项扣0.5分，扣完为止		

表9（续）

竞赛项目	竞赛内容及要求	配分	评 分 标 准	扣分	得分
几点说明	1. 选手在进行比赛时达到规定时间后，不管完成与否，必须立即停止，准备下一项目 　2. 比赛过程中，选手必须遵守操作规程，按照规定操作顺序进行比赛，正确使用仪器仪表。不得野蛮操作，不得损坏仪器、仪表、设备，否则，一经发现立即责令其退出比赛 　3. 搞好自主保安，比赛中选手不得出现自身伤害事故，凡出现自身伤害者从其总分中扣除20分 　4. 每提前1 min 完成所有项目加1分，如果没有完成比赛提前离场不加分。不足1 min 不加分，整个赛项最多加5分 　5. 现场模拟操作演示每小项具体扣分按要点与评分细则里所附分值评判。未口述和未对应操作不得分;口述不正确或操作不到位依据要点扣分,打分时严格按照标准评分表来评分。有些口述内容要穿插其中,在行进过程中遇到什么就手指口述或操作(如通防设施检查)				

表10　瓦斯浓度实测报告表

参赛队：＿＿＿＿＿＿＿　　选手姓名：＿＿＿＿＿＿＿　　选手编号：＿＿＿＿＿＿＿

1. 测定 CH_4 　整数：＿＿＿＿＿＿＿小数：＿＿＿＿＿＿＿ 　测出的瓦斯浓度 $C =$ ＿＿＿＿＿＿＿ 2. 环境测定 　$P_s =$ 　　　　　　　　hPa × 10 　$t =$ 　　　　　　　　℃ 　修订公式 　$P =$ 3. 求出真实瓦斯浓度值（保留两位小数）：
操作时间： 　　　　　　　　　　　　　　　　　　　　　　　得分：
评委（签名）：

表 11　一氧化碳浓度实测报告表

参赛队：＿＿＿＿＿＿　　选手姓名：＿＿＿＿＿＿　　选手编号：＿＿＿＿＿＿

1. 测定 CO 　选用检定管型号： 　测　定　范　围： 　送　气　时　间： 2. 读数 　一氧化碳浓度（单位 ppm） 　$C =$	
操作时间： 　　　　　　　　　　　　　　　　　　　　得分：	
评委（签名）：	

（六）光学瓦斯检定器故障设置清单

（1）干涉条纹宽度偏大。

（2）钠石灰失效。

（3）干涉条纹后视现场不足。

（4）钠石灰颗粒不均匀。

（5）干涉条纹倾斜。

（6）主调螺旋盖缺链条。

（7）干涉条纹宽度偏小。

（8）缺主调螺旋固定螺丝。

（9）干涉条纹前视现场不足。

（10）缺目镜护盖。

（11）小数精度不正确。

（12）照明装置组缺护盖。

（13）硅胶失效。

（14）隔片位置不正确。

（15）吸收管缺隔片。

十二、奖项设定

本赛项奖项设个人奖，个人奖的设定为：一等奖占比 10%，二等奖占比 20%，三等奖占比 30%。

获得一等奖选手的指导教师由组委会颁发优秀指导教师证书。

十三、赛项安全

（1）选手在进行比赛时达到规定时间后，不管完成与否，必须立即停止，准备下一项目。

（2）比赛过程中，选手必须遵守操作规程，按照规定操作顺序进行比赛，正确使用仪器仪表。不得野蛮操作，不得损坏仪器、仪表、设备，否则，一经发现立即责令其退出比赛。

（3）搞好自主保安，比赛中选手不得出现自身伤害事故，凡出现自身伤害者从其总分中扣除 20 分。另外：每提前 1 min 完成所有项目加 1 分，最多加 5 分。

（4）项目开赛前应提醒选手注意操作安全，对于选手的违规操作或有可能引发人身伤害、设备损坏等事故的操作，应及时制止，保证竞赛安全、顺利进行。

十四、竞赛须知

（一）参赛队须知

（1）统一使用规定的省、直辖市等行政区代表队名称，不使用学校或其他组织、团队名称。

（2）竞赛采用个人比赛形式，每个参赛选手必须参加所有专项的比赛，不接受跨省组队报名。

（3）参赛选手为中职院校在籍学生，性别不限。

（4）参赛队选手在报名获得确认后，原则上不再更换。允许选手缺席比赛。

（5）参赛队在各竞赛专项工作区域的赛位轮次和工位采用抽签的方式确定。

（6）参赛队所有人员在竞赛期间未经组委会批准，不得接受任何与竞赛内容相关的采访，不得将竞赛的相关情况及资料私自公开。

（二）指导教师须知

（1）指导教师务必带好有效身份证件，在活动过程中佩戴指导教师证参加竞赛及相关活动；竞赛过程中，指导教师未经允许不得进入竞赛场地。

（2）妥善管理本队人员的日常生活及安全，遵守并执行大赛组委会的各项规定和安排。

（3）严格遵守赛场的规章制度，服从裁判，文明竞赛，持证进入赛场允许进入的区域。

（4）熟悉场地时，指导老师仅限于口头讲解，不得操作任何仪器设备，不得现场书写任何资料。

（5）在比赛期间要严格遵守比赛规则，不得私自接触裁判人员。

（6）团结、友爱、互助协作，树立良好的赛风，确保大赛顺利进行。

（三）参赛选手须知

（1）选手必须遵守竞赛规则，文明竞赛，服从裁判，否则取消参赛资格。

（2）参赛选手按大赛组委会规定时间到达指定地点，凭参赛证、学生证和身份证（三证必须齐全）进入赛场，并随机进行抽签，确定比赛顺序。选手迟到 15 min 取消竞赛资格。

（3）裁判组在赛前 30 min，对参赛选手的证件进行检查及进行大赛相关事项教育。

（4）比赛过程中，选手必须遵守操作规程，按照规定操作顺序进行比赛，正确使用仪器仪表。不得野蛮操作，不得损坏仪器、仪表、设备，一经发现立即责令其退出比赛。

（5）参赛选手不得携带通信工具和相关资料、物品进入大赛场地，不得中途退场。如出现较严重的违规、违纪、舞弊等现象，经裁判组裁定取消大赛成绩。

（6）现场实操过程中出现设备故障等问题，应提请裁判确认原因。若因非选手个人因素造成的设备故障，经请示裁判长同意后，可将该选手比赛时间酌情后延；若因选手个人因素造成设备故障或严重违章操作，裁判长有权决定终止比赛，直至取消比赛资格。

（7）参赛选手若提前结束比赛，应向裁判举手示意，比赛终止时间由裁判记录；比赛时间终止时，参赛选手不得再进行任何操作。

（8）参赛选手完成比赛项目后，提请裁判检查确认并登记相关内容，选手签字确认。

（9）比赛结束，参赛选手须清理现场，并将现场仪器设备恢复到初始状态，经裁判确认后方可离开赛场。

（四）工作人员须知

（1）工作人员必须遵守赛场规则，统一着装，服从组委会统一安排，否则取消工作人员资格。

（2）工作人员按大赛组委会规定时间到达指定地点，凭工作证进入赛场。

（3）工作人员认真履行职责，不得私自离开工作岗位。做好引导、解释、接待、维持赛场秩序等服务工作。

十五、申诉与仲裁

本赛项在比赛过程中若出现有失公正或有关人员违规等现象，代表队领队可在比赛结束后 2 h 之内向仲裁组提出申诉。大赛采取两级仲裁机制。赛项设仲裁工作组，赛区设仲裁委员会。大赛执委会办公室选派人员参加赛区仲裁委员会工作。赛项仲裁工作组在接到申诉后的 2 h 内组织复议，并及时反馈复议结果。申诉方对复议结果仍有异议，可由省（市）领队向赛区仲裁委员会提出申诉。赛区仲裁委员会的仲裁结果为最终结果。

十六、竞赛观摩

本赛项对外公开，需要观摩的单位和个人可以向组委会申请，同意后进入指定的观摩区进行观摩，但不得影响选手比赛，在赛场中不得随意走动，应遵守赛场纪律，听从工作人员指挥和安排等。

十七、竞赛视频

安排专业摄制组进行拍摄和录制，及时进行报道，包括赛项的比赛过程、开闭幕式等。通过摄录像，记录竞赛全过程。同时制作优秀选手采访、优秀指导教师采访、裁判专家点评和企业人士采访视频资料。

十八、资源转化

竞赛场地和设备作为今后煤矿安全实训基地的重要资源，拍摄的视频资料充分突出赛项的技能，为今后教学提供全面的信息资料。

十九、部分试题及参考答案

（一）局部通风机检查

（1）局部通风机及开关安设是否符合规定（说出相关标准规定）。

标准：局部通风机必须安装在进风巷道中、距巷道回风口不得小于 10 m、该地点的风量必须大于局部通风机的吸风量、风速必须达到或超过《煤矿安全规程》规定的最低风速。

原因：局部通风机位置不合适，达不到局部通风机的工作要求。

措施：①局部通风机距离底板高度大于 0.3 m，局部通风机距巷道回风口不得小于 10 m。②局部通风机处巷道的风量、风速要符合《煤矿安全规程》规定。

（2）局部通风机是否存在循环风（指出如何检查循环风）。

标准：局部通风机处不得有循环风。

掘进工作面的乏风反复返回掘进工作面，有毒有害气体和粉尘浓度越来越大，不仅使作业环境越来越恶化，更严重的是由于瓦斯浓度不断增加，当其进入局部通风机时，极易引起瓦斯爆炸。

措施：在局部通风机上方利用手指搓捻粉笔灰、观察粉笔灰下落的趋势，判断是否存在循环风。如果粉笔灰往进风方向下落，说明没有循环风。如果粉笔灰往回风方向下落，说明有循环风。

（二）甲烷传感器校对

甲烷传感器安设规定和要求。

标准：低瓦斯矿井的煤巷、半煤岩巷、有瓦斯涌出的岩巷掘进工作面，必须在工作面安装甲烷传感器；高瓦斯矿井和煤与瓦斯突出矿井的煤巷、半煤岩巷、有瓦斯涌出的岩巷掘进工作面，必须在工作面及其回风流中安装甲烷传感器。定期对甲烷传感器观测误差进行校对。

原因：为了避免瓦斯爆炸、及时检测瓦斯浓度，除了由瓦斯检测工人工检测瓦斯浓度，还要安设必要的瓦斯传感器随时自动检测瓦斯浓度，而且瓦斯传感器具备自动报警、断电功能。

措施：①在煤巷、半煤岩巷、有瓦斯涌出的岩巷掘进工作面，安设瓦斯传感器。②定期检查校对瓦斯传感器的检测精度。

（三）检查结果记录

瓦斯浓度超过《煤矿安全规程》有关规定时的情况说明（要求简单说出几种规定）。

标准：①掘进工作面，瓦斯报警浓度大于或等于1.0%，断电浓度大于或等于1.5%，复电浓度小于1.0%。断电范围：掘进巷道内全部非本质安全型电气设备。②掘进工作面回风流中，瓦斯报警浓度大于或等于1.0%，断电浓度大于或等于1.0%，复电浓度小于1.0%。断电范围：掘进巷道内全部非本质安全型电气设备。

原因：①在掘进工作面，瓦斯浓度大于1.0%，当空气中混入乙烷、乙烯等气体，瓦斯爆炸的下限变小了，故设定瓦斯报警、断电浓度。②局部通风方式不合理、局部通风机供风量不足、风筒漏风严重。③瓦斯异常涌出、回风不畅通。

措施：①在掘进工作面，瓦斯传感器在瓦斯浓度大于或等于1%时报警，瓦斯浓度大于或等于1.5%时断电，瓦斯浓度小于1%时复电。②掘进工作面风流中，瓦斯传感器在瓦斯浓度大于或等于1%时报警、断电，瓦斯浓度小于1%时复电。③选用合理通局部风系统、调整局部通风机供风能力、修复或更换风筒。④加强通风管理，保证可靠的供风量。

采掘电气维修赛项规程

一、赛项名称

赛项名称：采掘电气维修
英语翻译：Mining Electrical Maintenance
赛项组别：中职组
赛项归属产业：煤炭开采

二、竞赛目的

为促进煤炭类中等职业教育的发展，加强高端技能型人才的培养，调动广大学生参与实践实训的积极性，提升煤炭职业院校整体实践教学水平。促进产教融合、校企合作、产业发展；展示职教改革成果及师生良好精神面貌。

三、竞赛内容与时间

馈电开关、磁力启动器配合接线及磁力启动器的故障处理、试运行。

竞赛时间：40 min

具体任务如下：

项目一：开关及磁力启动器规范操作
项目二：摇表检查开关、电缆绝缘
项目三：规范接线

项目四：磁力启动器故障排除

项目五：馈电、磁力开关整定

四、竞赛方式

竞赛只考核技能部分。技能竞赛部分内容由每名选手各自独立完成。每个参赛队由 2~3 人组成，不容许跨队参赛，团体成绩由参赛队 2 名队员或 3 名选手中成绩高的 2 名队员成绩之和构成。

竞赛采用现场操作由裁判员现场评分。

五、竞赛流程

每个队员依照抽签顺序准备比赛。队员上场前抽取故障设置题签，选定故障设置方案，在参赛队员无法看到的情况下由技术人员根据所抽取的方案号设置故障。队员进入赛场独自完成 4 个项目：磁力启动器操作、控制线路接线、故障排除、系统调试等工作。完成后由裁判根据完成质量标准给分。

竞赛流程如图 1 所示。

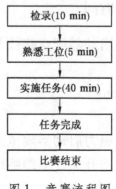

图 1　竞赛流程图

六、竞赛试题

比赛采用公开赛题方式，比赛具体内容见评分表。

设备故障点设置在下列故障点中选取 3 个，故障点设置在任意磁力启动器上。

根据比赛设备 QJZ400 的电气原理图。可能设置的故障点如下：

（一）不吸合故障点

（1）断开（换）FU1。

（2）电源调到 1140 V 位置。

（3）断开（换）FU2，或断开 1、2 号线。

（4）断开 3 号线。

（5）断开（换）FU3，或断开 4、9 号线。

（6）断开 10 号线。

（7）断开（换）FU4，或断开 5、6 号线。

（8）断开 14 号线。

（9）断开启动按钮 QA 两端接线。

（10）断开停止按钮 TA 两端接线。

（11）将远近控制设置为远控位。

（12）断开 GHK-1 常开接点，或断开 6、8 号线。

（13）风电闭锁设置为打开。

（14）瓦斯闭锁设置为打开。

（15）系统电压设置为 1140 V。

（二）继电器 J1 吸合，真空接触器不吸合故障点

（1）断开 J1-1 两端。

（2）断开 CKJ 线圈，或断开 7、14 号线。

（三）不自保故障点

断开 37、38 号线。

（四）自启动停不了的故障点

（1）短接 J1－1。

（2）短接 39、40 号线。

（3）短接启动按钮 QA。

（五）将实验开关选在漏电、过载位置

（1）46 号线与 di 短接漏电。

（2）33 号线与 45 号线短接过载。

（3）负载一相接地。

七、竞赛规则

（1）选手必须遵守竞赛规则，文明竞赛，服从裁判，否则取消参赛资格。

（2）中职组参赛选手须为高等学校全日制在籍学生，五年制高职学生报名参赛的，一至三年级（含三年级）学生参加中职组比赛，四、五年级学生参加高职组比赛。中职组参赛选手年龄须不超过 21 周岁（当年），即 1996 年 5 月 1 日后出生，凡在往届全国煤炭职业院校技能大赛中获一等奖的选手，不能再参加同一项目同一组别的比赛。

（3）参赛选手按大赛组委会规定时间到达指定地点，凭参赛证、学生证和身份证（三证必须齐全）进入赛场，并随机抽取机位号。选手迟到 15 min 取消竞赛资格。各队领队、指导教师及未经允许的工作人员不得进入竞赛场地。

（4）裁判组在赛前30 min，对参赛选手的证件进行检查及进行大赛相关事项教育。参赛选手在比赛前10 min进入比赛工位，确认现场条件无误；比赛时间到方可开始操作。

（5）参赛选手必须严格按照设备操作规程进行操作。参赛选手不得携带通信工具和其他未经允许的资料、物品进入大赛场地，不得中途退场。如出现较严重的违规、违纪、舞弊等现象，经裁判组裁定取消大赛成绩。

（6）比赛过程中出现设备故障等问题，应提请裁判确认原因。若因非选手个人因素造成的设备故障，裁判请示裁判长同意后，可将该选手大赛时间酌情后延；若因选手个人因素造成设备故障或严重违章操作，裁判长有权决定终止比赛，直至取消比赛资格。

（7）参赛选手完成一个项目需要举手示意裁判，提前结束比赛，应向裁判举手示意，比赛终止时间由裁判记录，参赛选手结束比赛后不得再进行任何操作。

（8）参赛选手完成比赛内容后，提请裁判到工位处检查确认并登记相关内容，选手签字确认后听从裁判指令离开赛场。裁判填写执裁报告。

（9）比赛结束，参赛选手须清理现场，并将现场设备、设施恢复到初始状态，经裁判确认后方可离开赛场。

八、竞赛环境

重庆工程职业技术学院模拟矿井内电气实训基地。比赛设备有九套，备用一套，同时提供八人比赛。赛场全封闭比赛时除裁判和技术组成员和赛场工作人员外其他人一概不许进入。非参赛人员可以通过监控在观摩室观察比赛。

九、技术平台

比赛设备如图 2 连接。比赛设备：①KBZ20 - 400 真空馈电开关；②QJZ - 400 真空磁力启动器。

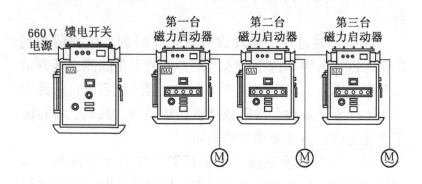

图 2　比赛设备连接示意图

十、成绩评定

比赛成绩根据表 1 所列标准打分，开关打停止（零位）位置，正确摇测并记录开关负荷三相绝缘和各相对地间绝缘电阻，摇测电缆一相芯线对地间的绝缘电阻，共 7 个值将测量结果填入表 2 中。馈电开关、磁力启动器整定值及磁力启动器故障检查结果必须列在表 3 中。

表1 采掘电气维修技能竞赛评分标准（100分）

项　目	考核内容及标准	配分	评分办法
项目一：规范化操作	1. 严格按照规程、标准作业 2. 打开上接线箱盖或使用兆欧表摇测绝缘前检测瓦斯 3. 手指口述瓦斯浓度1%以下、顶板及周围环境良好，可以操作电气设备 4. 停止并闭锁磁力启动器手把 5. 停止并闭锁分路馈电开关 6. 在馈电开关手把上挂"有人工作，禁止合闸"警示牌 7. 作业过程中身体各部位无碰伤（破皮、见血） 8. 不准在隔爆面上剁电缆、放工具	14	1. 第1—5项中一项不做扣2分 2. 第6项伤一处扣2分 3. 第7项违反一次扣2分 4. 扣完为止
项目二：正确使用摇表检查开关、电缆绝缘并记录	1. 正确检查兆欧表是否良好（表笔开路、闭路检测） 2. 开关打停止（零位）位置，正确摇测并记录开关负荷三相绝缘和各相对地间绝缘电阻，摇测电缆一相芯线对地间的绝缘电阻，共7个值 3. 正确对所摇测物品放电	10	1. 未检查兆欧表扣1分 2. 共7个值，缺一个扣1分 3. 未放电扣2分 4. 扣完为止
项目三：引入装置	1. 电缆紧固程序、进线嘴压紧但不斜（≤5%），即不得将进线嘴紧至极限位置、螺栓外露扣数大致相同，进线嘴压紧后不晃动 2. 零件齐全，进线嘴与密封圈之间有金属垫圈 3. 电缆压线板紧固，压紧后的压扁量不得超过电缆直径的10%。即电缆压线板处上下垫两层电缆皮，将螺栓拧紧且外露扣大致相同，同时压板不能相互接触 4. 电缆护套伸入长度为5～15mm 5. 密封圈外径与进线装置内径间隙≤1.5mm，内径与电缆外径差<1mm	20	1. 一处不合格扣1分 2. 金属垫圈放反扣1分；缺金属垫圈扣5分 3. 一项不合格扣1分超过15mm扣2分，小于5mm扣5分 4. 有一项不合格扣5分 5. 扣完为止

项　目	考核内容及标准	配分	评分办法
项目四：接线工艺	1. 各相导线裸露长度小于 10 mm 2. 接线余头长度在 1～10 mm 范围内 3. 任一项绝缘不触及其他相导体且没有伤痕 4. 每一芯前段线头整齐，须绑扎一道，切断口线丝无长短不一现象小于 5 mm，不压胶皮、薄膜，无毛刺 5. 芯线拉紧后地线仍有 10 mm 余量 6. 弧度适中，三相线不交叉布线 7. 接线柱弹簧垫压平 8. 腔内洁净无异物 9. 选手比完后，抽电缆检查其胶圈有无损伤	20	1. 一处不合格扣 0.5 分 2. 一处小于 1 mm 或大于 10 mm 扣 1 分 3. 一处有问题扣 1 分 4. 一处不合格扣 0.5 分 5. 地线短扣 1 分 6. 芯线混乱或弧度不适扣 1 分 7. 一处不压平扣 1 分 8. 有杂物和铜线渣等扣 1 分 9. 选手比完后，抽电缆检查其胶圈有无损伤，一处有问题扣 5 分
项目五：故障排除	1. QJZ 真空磁力启动器有 3 个故障 2. 写出 3 个故障明细 3. 正确使用万能表排除故障	30	1. 每排除一个故障得 9 分 2. 写错或缺一个扣 1 分 3. 万用表使用不正确或不使用扣 3 分
项目六：馈电、磁力开关整定	1. 按给定电机负荷整定 2. 写出整定数值	4	1. 一台开关不整定或不正确扣 2 分 2. 写错扣 1 分 3. 扣完为止
项目七：文明作业	开关接线工作完毕后清理工作区域	2	不清理或清理不彻底扣 2 分

注：比赛时间为 40 min，每提前 1 min 加 0.5 分；不足 1 min 不加分。

表2 绝缘电阻测量结果

项　目	内　容	备　注
电缆摇测绝缘值	A 或 B 或 C——地 MΩ	
	A——B　　MΩ	
	B——C　　MΩ	
	C——A　　MΩ	
	A——地　　MΩ	
	B——地　　MΩ	
	C——地　　MΩ	

表3 馈电开关、磁力启动器整定值和开关故障

项　目	内　容	备　注
馈电开关、磁力启动器按给定电动机功率进行整定	整定值　　A	
开关故障明细	1.	
	2.	
	3.	

十一、奖项设定

竞赛设参赛选手个人奖，一等奖占比 10%，二等奖占比 20%，三等奖占比 30%。设团体总成绩一等奖、二等奖、三等奖。

获得一等奖的参赛选手的指导教师由组委会颁发优秀指导教师证书。

十二、赛项安全

（1）各参赛队必须为参赛选手购买人身意外伤害保险，并进行安全教育，并自备必要的个人安全防护装备（如绝缘鞋等）。

（2）选手在进行比赛时达到规定时间后，不管完成与否，必须立即停止。

（3）比赛过程中，选手必须遵守操作规程，按照规定操作顺序进行比赛，正确使用仪器仪表。不得野蛮操作，不得损坏仪器、仪表、设备，否则，一经发现立即责令其退出比赛。

（4）搞好自主保安，比赛中选手不得出现自身伤害事故，凡出现自身伤害者从其总分中扣除 20 分。另外：每提前 1 min 完成所有项目加 1 分，最多加 5 分。

（5）项目开赛前应提醒选手注意操作安全，对于选手的违规操作或有可能引发人身伤害、设备损坏等事故的操作，应及时制止，保证竞赛安全、顺利进行。

十三、竞赛须知

（一）参赛队须知

（1）使用学校或其他组织、团队名称。

（2）竞赛采用团队比赛形式，每个参赛队必须参加所有专项的比赛，不接受跨省组队报名。

（3）参赛选手为高职院校在籍学生，性别不限。

（4）参赛队选手在报名获得确认后，原则上不再更换。允许选手缺席比赛。

（5）参赛队在各竞赛专项工作区域的赛位轮次和工位采用抽签的方式确定。

（6）参赛队所有人员在竞赛期间未经组委会批准，不得接受任何与竞赛内容相关的采访，不得将竞赛的相关情况及资料私自公开。

（二）指导教师须知

（1）指导教师务必带好有效身份证件，在活动过程中佩戴指导教师证参加竞赛及相关活动；竞赛过程中，指导教师未经允许不得进入竞赛场地。

（2）妥善管理本队人员的日常生活及安全，遵守并执行大赛组委会的各项规定和安排。

（3）严格遵守赛场的规章制度，服从裁判，文明竞赛，持证进入赛场允许进入的区域。

（4）熟悉场地时，指导老师仅限于口头讲解，不得操作任何仪器设备，不得现场书写任何资料。

（5）在比赛期间要严格遵守比赛规则，不得私自接触裁判人员。

（6）团结、友爱、互助协作，树立良好的赛风，确保大赛顺利进行。

（三）参赛选手须知

（1）选手必须遵守竞赛规则，文明竞赛，服从裁判，否则取消参赛资格。

（2）参赛选手按大赛组委会规定时间到达指定地点，凭参赛证、学生证和身份证（三证必须齐全）进入赛场，并随机进行抽签，确定比赛顺序。选手迟到 15 min 取消竞赛资格。

（3）裁判组在赛前 30 min，对参赛选手的证件进行检查及进行大赛相关事项教育。

（4）比赛过程中，选手必须遵守操作规程，按照规定操作顺序进行比赛，正确使用仪器仪表。不得野蛮操作，不得损坏仪器、仪表、设备，一经发现立即责令其退出比赛。

（5）参赛选手不得携带通信工具和相关资料、物品进入大赛场地，不得中途退场。如出现较严重的违规、违纪、舞弊等现象，经裁判组裁定取消大赛成绩。

（6）现场实操过程中出现设备故障等问题，应提请裁判确认原因。若因非选手个人因素造成的设备故障，经请示裁判长同意后，可将该选手比赛时间酌情后延；若因选手个人因素造成设备故障或严重违章操作，裁判长有权决定终止比赛，直至取消比赛资格。

（7）参赛选手若提前结束比赛，应向裁判举手示意，比赛终止时间由裁判记录；比赛时间终止时，参赛选手不得再进行任何操作。

（8）参赛选手完成比赛项目后，提请裁判检查确认并登记相关内容，选手签字确认。

（9）比赛结束，参赛选手需清理现场，并将现场仪器设备恢复到初始状态，经裁判确认后方可离开赛场。

（四）工作人员须知

（1）工作人员必须遵守赛场规则，统一着装，服从组委会统一安排，否则取消工作人员资格。

（2）工作人员按大赛组委会规定时间到达指定地点，凭工作证、进入赛场。

（3）工作人员认真履行职责，不得私自离开工作岗位。做好引导、解释、接待、维持赛场秩序等服务工作。

十四、申诉与仲裁

本赛项在比赛过程中若出现有失公正或有关人员违规等现象，代表队领队可在比赛结束后 2 h 之内向仲裁组提出申诉。大赛采取两级仲裁机制。赛项设仲裁工作组，赛区设仲裁委员会。大赛执委会办公室选派人员参加赛区仲裁委员会工作。赛项仲裁工作组在接到申诉后的 2 h 内组织复议，并及时反馈复议结果。申诉方对复议结果仍有异议，可由代表队领队向赛区仲裁委员会提出申诉。赛区仲裁委员会的仲裁结果为最终结果。

十五、竞赛观摩

本赛项对外公开，需要观摩的单位和个人可以向组委会申请，同意后进入指定的观摩区进行观摩，为了不影响选手比赛，观摩区采用电视直播方式观摩，应遵守观摩区纪律要求不得喧哗，听从工作人员指挥和安排等。

十六、竞赛直播

安排专业摄制组进行拍摄和录制，及时进行报道，包括赛项的比赛过程、开闭幕式等。通过摄录像，记录竞赛全过程，通过电视进行全程实况转播到观摩区。同时制作优秀选手采访、优秀指导教师采访、裁判专家点评和企业人士采访视频资料。

十七、资源转化

竞赛场地和设备作为今后模拟矿井中采掘电气实训基地的重要资源，拍摄的视频资料充分突出赛项的技能，为今后教学提供全面的信息资料。